# 水泥基材料水化动力学模型及其微细观力学性能预测

吴 浪 周晓亭 张 敏/著

中国原子能出版社

图书在版编目(CIP)数据

**水泥基材料水化动力学模型及其微细观力学性能预测**/吴浪,周晓亭,张敏著.--北京：中国原子能出版社, 2023.10
ISBN 978-7-5221-3096-5

Ⅰ.①水… Ⅱ.①吴… ②周… ③张… Ⅲ.①水泥基复合材料—化学动力学②水泥基复合材料—材料力学 Ⅳ.① TB333.2

中国国家版本馆 CIP 数据核字（2023）第 221314 号

## 内 容 简 介

本书基于马尔科夫随机场理论和前期提出的中心粒子水化模型，构建非球形水泥颗粒的水化模型并定量表征水泥颗粒形状对水化程度、孔隙率的影响机制。通过分析水泥基材料水化过程中的固相、液相、气相和孔结构的变化，来构建水泥基材料的双孔及多孔结构演化的物理力学模型，从细观力学角度、以 Eshelby 夹杂理论、弹塑性力学理论、Gibbs 自由能理论对其进行理论分析。通过计算分析 C-S-H 凝胶体微纳米孔洞坍塌的影响因素，探讨 C-S-H 凝胶体内微纳米的孔洞在水化过程中的稳定性问题，在一定程度上对水泥基材料的干燥收缩机理进行研究。

**水泥基材料水化动力学模型及其微细观力学性能预测**

| | |
|---|---|
| 出版发行 | 中国原子能出版社（北京市海淀区阜成路 43 号 100048） |
| 责任编辑 | 张　琳 |
| 责任校对 | 冯莲凤 |
| 责任印制 | 赵　明 |
| 印　　刷 | 北京九州迅驰传媒文化有限公司 |
| 经　　销 | 全国新华书店 |
| 开　　本 | 710 mm×1000 mm　1/16 |
| 印　　张 | 10.125 |
| 字　　数 | 160 千字 |
| 版　　次 | 2024 年 5 月第 1 版　2024 年 5 月第 1 次印刷 |
| 书　　号 | ISBN 978-7-5221-3096-5　　定　价　62.00 元 |

发行电话：010-68452845　　　　　　　版权所有　侵权必究

# 前　言

水泥基材料早龄期的宏观物理力学性能取决于其微细观结构的成分及结构特征,从微细观角度探讨它们之间的定量关系是近年来国内外的研究热点之一,也是水泥基材料性能优化设计的基础。由于其微观结构演化过程需要通过水化过程来实现,因而需要探析水泥水化的微观机理,从而来分析水泥基材料早龄期的力学性能。

本书从微观角度建立了水泥水化过程的三维模型,并根据最小理论水灰比推导出了水化程度 $a$ 与水化半径 $R$ 之间的关系式。若给定水泥的密度、各成分含量,可以计算不同水灰比时水化程度 $a$ 与水化半径 $R$ 的关系。根据该三维微观模型,从动态角度分析了水化半径 $R$ 与时间 $T$ 的关系。提出了基于微观球模型的水化动力学方程。该动力学方程对水泥水化反应的基本过程进行了表征,观察各过程的相互关系,可对水泥基材料的水化机理进行解释。结果表明,在水化初期,化学反应速率对水化反应起主导作用;随着水化程度提高,水化反应转由扩散速率控制。

根据水泥水化过程中的组分变化,采用复合材料细观力学理论分别建立了水泥浆体、水泥砂浆和混凝土的细观力学模型,并分析了不同水灰比、骨料体积分数情况下水泥基材料的弹性力学性能随水化程度的演化关系。水泥基材料的弹性模量随水化程度的发展而增大,而泊松比则减小。结合水化程度 $a$ 与时间 $T$ 的关系,本书给出了可用于预测水泥基材料的弹性力学性质随龄期的演化关系。

基于 Ulm 和 Coussy 提出的多相水化动力学模型,在考虑水泥的化学组成、养护温度、水灰比、最终水化程度及水泥细度等因素情况下,从理论上建立了水化动力学方程,可用于预测水化速率随水化程度的变化。结果表明:水灰比会加速相边界反应,而对早期的结晶成核与晶体生长却没有明显影响；温度的升高能够加速水化进程，却不能改变最终水化程度。借助水化速率与水化程度的关系，提出了水泥基材料早龄期的化学收缩预测模型，可用于预测硅酸盐水泥早龄期化学收缩变化趋势。

运用了毛细管张力、表面自由能及弹性力学理论，分别从二维饱和孔隙水状态、不饱和孔隙水状态及三维饱和孔隙水状态建立了C-S-H凝胶体的干燥收缩模型，从微观力学角度来探讨水泥基材料的收缩机理。结果表明，在C-S-H内凝胶体的充水椭球毛细孔洞中，水越饱和孔洞越容易发生坍塌，而椭球形状越圆则越稳定。

在本书的撰写过程中，作者不仅参阅、引用了很多国内外相关文献资料，而且得到了同事亲朋的鼎力相助，在此一并表示衷心的感谢。由于作者水平有限，书中疏漏之处在所难免，恳请同行专家以及广大读者批评指正。

作　者

2023年9月

# 目 录

第1章 绪 论 ·················································· 1
   1.1 引 言 ················································ 1
   1.2 国内外研究现状 ······································ 2
   1.3 本书的研究目的、内容 ······························· 10
   1.4 本书的主要工作 ······································ 11

第2章 水泥基材料的水化动力学模型 ······················ 13
   2.1 概 述 ················································ 13
   2.2 水泥基材料的中心粒子水化模型 ····················· 15
   2.3 基于中心粒子模型的水化动力学模型 ················ 20
   2.4 稻壳灰-水泥胶凝体系的水化模型 ···················· 28
   2.5 LC3胶凝体系的水化模型 ····························· 43
   2.6 本章结论 ············································· 52

第3章 水泥基材料早期弹性力学性能预测 ················· 53
   3.1 概 述 ················································ 53
   3.2 复合材料细观力学基础 ······························· 54
   3.3 水泥浆体的早期弹性力学性能预测 ·················· 62
   3.4 水泥砂浆的早期弹性力学性能预测 ·················· 69
   3.5 混凝土的早期弹性力学性能预测 ····················· 73
   3.6 多尺度下的水泥基材料概率模型构建 ················ 76
   3.7 本章小结 ············································· 84

## 第4章 水泥基材料的化学收缩模型 ………………………… 85
### 4.1 概　述 ……………………………………………… 85
### 4.2 考虑多种因素的水化动力学模型 …………………… 86
### 4.3 水泥基材料的化学收缩模型 ………………………… 93

## 第5章 水泥基材料的干燥收缩模型 ………………………… 102
### 5.1 C-S-H 凝胶体内纳米孔二维不饱和水状态下的稳定性分析 …………………… 104
### 5.2 C-S-H 凝胶体内纳米孔在二维不饱和水状态下的稳定性分析 …………………… 113
### 5.3 C-S-H 凝胶体内纳米孔在三维饱和水状态下的稳定性分析 …………………… 122

## 第6章 结论与展望 …………………………………………… 133
### 6.1 结　论 ……………………………………………… 133
### 6.2 展　望 ……………………………………………… 134

## 参考文献 …………………………………………………… 136

# 第 1 章

# 绪 论

## 1.1 引 言

　　水泥基材料作为一种土木工程结构材料,已经有一百多年的历史了[1]。自从1824年硅酸盐水泥在英国问世以来,由于其在技术经济上的优越性,被广泛应用于土木建筑、道路桥梁、水利工程等基础设施的建设中。例如:法国在1848年、德国在1850年、美国在1871年、日本在1875年先后开始生产硅酸盐水泥[2]。我国虽然在水泥的生产使用上起步较晚,但在2002年我国水泥产量达到7.3亿吨,2005年产量突破10亿吨,2008年产量为13.2亿吨,达到世界产量的1/2,约为印度的8倍,美国的17倍。由此可见,水泥基材料在我国土木工程行业应用中的重要性。

　　S-H凝胶巨大的比表面积以及其与水之间复杂的物理化学作用是引起硬化水泥浆体体积变形的最主要原因。长期以来,由于水泥基材料形成过程和组成的复杂性,人们对于C-S-H凝胶与水之间的相互影响关系尚处于一个模糊的认识阶段，这在某种程度上制约着水泥基材料科学的发展。在混凝土不断的更新发展过程中，其性能也逐渐加强，相比之前后期的收缩，目前主要发生在早期，所以，研究混凝土的早期收缩具有重要意义。因此，控制水泥基材料自身的体积变形，减小其早龄期的收缩可以大大降低水泥基材料早期开裂的可能性。因而有必要对混凝土早龄期的体积收缩变形进行深入研究。

对于早期的水泥基材料而言，影响其力学性能的主要因素还是在于微观结构的相关性能和特征，而水泥基材料的微观结构演化过程需要通过水化过程来实现，为了使水泥在未来的发展空间更上一层楼，有必要对其水化过程进行研究，掌握其水化的过程和原理，在必要时将有助于在工程中按照需求调节水化的过程，满足各种工程的需要，研发各种新型水泥基材料、外加剂提供理论基础[3]。

## 1.2 国内外研究现状

### 1.2.1 水泥水化历程研究现状

水泥基材料的水化反应就是经历了溶解，结晶和沉淀等复杂过程，其中水泥熟料各相矿物组分同时发生水化反应的反应速度不一，不同矿物组分之间，水化产物之间互相影响。对硅酸盐水泥而言，水化过程可以归纳为：铝酸三钙先与水起作用，硅酸三钙次之，铁铝酸四钙最弱，硅酸二钙最慢。硅酸三钙和硅酸二钙为普通硅酸盐水泥中的主要成分，占水泥熟料矿物含量的 76% 左右，因而水泥的性质很大程度上取决于硅酸三钙和硅酸二钙的水化过程及其生成的水化产物的性质。其水化反应化学方程式表示如下式所示[4-5]：

$$2(3CaO \cdot SiO_2) + 6H_2O \rightarrow 3CaO \cdot 2SiO_2 \cdot 3H_2O + 3Ca(OH)_2 \quad (1.1a)$$

$$2(C_2S) + 4H_2O \rightarrow C_3S_2H_3 + Ca(OH)_2 \quad (1.1b)$$

上述反应过程同样发生在铝酸三钙和铁铝酸四钙等成分中。

水泥水化过程可简单地分为三个阶段：

（1）钙矾石形成阶段：铝酸三钙在水泥熟料溶解于水的过程中，第一个发生水化反应，并以石膏为媒介，迅速形成钙矾石并持续放热，从而使硅酸三钙的放热率达到最大值。在此过程中，钙矾石的形成使铝酸三钙的水化速度减慢，并进入了一个诱发阶段。

（2）硅酸三钙水化阶段：第二发生的是硅酸三钙的水化反应，水化产物为氢氧化钙和凝胶体，并相应发生第二波放热峰值。而硅酸二钙与铁铝酸四钙都有参与钙矾石形成阶段和硅酸三钙水化阶段，并紧接铝酸三钙 $C_3A$ 之后硅酸三钙 $C_3S$ 开始迅速水化，形成凝胶物质体和氢氧化钙 $Ca(OH)_2$，放出热量，出现第二放热峰。硅酸二钙 $C_2S$ 和铁铝酸四钙在这两阶段中也都不同程度地参与到反应中去，并形成了它们各自对应的水化产物。

（3）结构形成和发展阶段：产生的多种水化产物填充原来被水占领的空间，再逐渐连接，相互交织，发展成为硬化的浆体结构[4-5]。

目前，国内外学者对水泥熟料各相矿物的水化反应、水化产物的形成机制等均有不同的认识，但总体而言都较为片面，且缺乏支持证据。

在1960年第四届国际水泥会议上，T.C Powers对水泥浆体的微观结构在相关文章中作了详细的描述。随后，分析仪器的不断发展，大量的研究开始致力于描述浆体结构，并建立了许多有效结构和性能之间的关系[6]。

1976年第六届国际水泥水化会议召开之际，许多学者对水泥硬化初期的水化过程做了大量的研究工作，许多观点已为现代研究者们所肯定[7]。

Kantro D.L[6]、DeJong. G.M、Stein H.N[7]在研究硅酸三钙的水化过程时，提出了一级水化产物（C/S为3）、二级水化产物（C/S在0.8和1.5之间）和三级水化产物（C/S在1.5和2.0之间）的机理，在此过程中，当原硅酸三钙被水化成低碱性水化硅酸钙时，二、三级水化产物均被生成。其中二级和三级水化产物是在原始硅酸三钙水化为低碱水化硅酸钙的同时产生的。Kantro D. L得出结论认为，水泥的快速凝结与铝酸三钙的存在密切相关，并认为水泥的快速凝结与低碱铝酸三钙的存在密切相关。Kantro D.L提出水泥的快速凝结与铝酸三钙的存在密切相关,并认为铝酸三钙的快速水化是由于这种化合物在水中的高溶解度。T.C Powers[8]提出了硅酸三钙水化的外部和内部水化机制,他的论点得到了后来研究人员的证实。

1980年,召开了第七届国际水泥会议,在此会议上报告了关于水泥的新研究,这也意味着水泥又有了新的发展。Vsherov-Marshak 和 Vrzenko[9]从热力学研究中得出结论,认为核晶作用控制着水泥水化。Double[11]等人根据高压电子显微镜的研究提出渗透压机理学说。Barnes[11]等人提出水泥颗粒的空壳水化机理。

水泥的水化反应依据Taylor等人的研究,分为以下5个过程(表1.1)。

表1.1 水泥水化过程

| 时期 | 反应阶段 | 化学过程 | 动力行为 |
| --- | --- | --- | --- |
| 早期 | 预诱导期 | 开始水解,释放出离子 | 反应很快,受化学反应控制 |
| 早期 | 诱导期 | 继续水解,水化硅酸钙生成 | 反应慢,受核化或扩散控制 |
| 中期 | 加速期 | 永久性水化产物开始生长 | 反应快,受化学反应控制 |
| 中期 | 减速期 | 水化产物继续生长,显微结构发展 | 反应适中,受化学扩散控制 |
| 后期 | 扩散期 | 显微结构逐渐致密化 | 反应很慢,受扩散控制 |

### 1.2.2 水泥水化微观结构模型研究现状

在第四届国际水泥(INTERCEM)会议上,Powers T.C[13]发表了一篇关于硬化水泥浆体的物理结构和性能的论文,并且对水泥浆体的微结构作了较为清晰、深入的描述和研究。在微观性能研究方面,S. Igarashi[14]基于Powers的模型通过BSE图像分析,对于水灰比、外加剂等因素对水泥石及混凝土微结构的影响,MIP法无法精确测定。

在试验方面,Cook和Hover[15]利用压汞法(MIP)对硬化水泥浆体的微观孔结构在不同养护时间和不同水胶比($w/b$)下进行了对比试验,试验表明,随着养护时间越长,孔结构的孔隙率和临界孔径越小;水胶比越大时,孔隙率和临界孔径也越大。Boumiz等人[16]利用超声波技术测定硬化中的水泥浆体早龄期的弹性模量和泊松比。此外,大量研究结果表明,尽管水灰比和养护调剂存在差异,然而得到的各相的力学性能值十分接近,这表明纳米压痕测得的微观力学性能是材料的固有属性[17]。但 C-S-H 凝胶的微观力学性能与其化学组成是否有关也存在一定的争议。

除此之外,图像分析技术在定量确定硬化水泥浆体的微观结构方面也发挥着重要作用。通过图像分析技术,可以测量出硬化水泥浆体中各组分含量与水化产物的体积分数之间的关系。周春英[18]通过同步加速 X 射线断层扫描技术,还原水泥基材料,并且定性、定量的对水泥基材料的微观结构进行研究,模拟微观结构随着水化进程的变化,也能够获得微观结构实时的几何、形态参数,为水泥基材料微观结构的研究提供大量的可靠数据。

综上所述,对于水泥的微观结构研究虽然取得不错的成绩,但缺乏创新。关于硬化浆体孔结构,不同的研究人员对研究方向各有侧重,但较为统一的是都采用实验方法开展研究。部分学者存在仅仅通过力学、结构等方面现存在知识对问题进行理论的叙述,缺乏实践的检验。

### 1.2.3 水泥基材料早龄期力学性质预测研究现状

水泥基材料早龄期的宏观物理力学性能取决于其微细观结构的成分及结构特征,从微细观角度探讨它们之间的定量关系是近年来国内外的研究热点之一,也是水泥基材料性能优化设计的基础。

Sayers[19] 和 D'Angelo[20] 研究了水泥浆体水化过程中剪切波和压缩波的传播过程;同时,应用比奥理论来描述水泥浆体的超声波变化。文献 [21] 采用水泥浆体样品的超声波传播来测量剪切波 $V_T$ 和压缩波 $V_L$ 的传播速率,材料组分的变化用等温热量变化来测定,得到材料弹性模量 $E$、泊松比 $\upsilon$、剪切模量 $G$、体积模量 $K$ 和超声波波速的关系如下式所示:

$$K = \rho \left( V_L^2 - \frac{4}{3} V_T^2 \right) \quad (1.2)$$

$$E = 2G(1+\upsilon) \quad (1.3)$$

$$\upsilon = \frac{\left(1-2\dfrac{V_T^2}{V_L^2}\right)}{2\left(1-\dfrac{V_T^2}{V_L^2}\right)} \qquad (1.4)$$

式中，$V_L$ 为压缩波的传播速率；$V_T$ 为剪切波的传播速率；$\rho$ 为材料的密度。

目前来说，具有代表性的模型可分为三类：经验模型、层和模型和均匀化理论模型。

（1）经验模型：1958 年，Powers[22] 引入了胶孔比的概念，并根据大量试验数据建立了水泥石强度与胶孔比（$X$）的关系如下式所示：

$$f = f_0 X^\beta \qquad (1.5)$$

$$X = \frac{胶体体积}{胶体体积+毛细孔体积} \qquad (1.6)$$

式中，$f_0$ 为毛细孔体积为 0 时的强度值；$\beta$ 为一般取 2.5～3。

（2）层合模型：Lokhorst[23] 提出了硬化水泥浆体的层合模型，该模型采用水平、垂直两个层面上的递增递减方法，研究不同层面上不同阶段不同成分的变化规律，并基于不同层面上的成分变化，构建相应的弹性模量随水化度的变化规律。

（3）均匀化理论模型：预测复合材料有效性能的经典方法有自恰方法、M-T 法[24] 和微分有效介质法[25-26]。Siders[84] 等利用水泥水化方程计算了水泥水化各阶段水泥的压缩强度、弹性模量及泊松比，并且建立起了它们之间的关系，同时利用两点成比例的原理预测了混凝土的弹性模量和泊松比。

### 1.2.4 水泥基材料早龄期收缩变形研究现状

水泥基材料早龄期的收缩变形主要是指在浇筑 7d 以内，在非荷载作用下引起的收缩变形。凝结硬化程度低，抗压强度弱是水泥基材料早龄期的主要特征，所以当外部压力过大时，极易发生整体开裂的不良状况。因此，水泥基材料早龄期的开裂主要是由于早期收缩所致。早期收缩的形式也多种多样，例如温度收缩、表面塑性收缩、化学收缩等一系列。早期收缩对于混凝土的最终性能具有非常严重的影响，会导致外形变化、抗压强度低等后果,最终影响工程的安全稳定,这也是该专业的研究焦点。

(1)化学收缩

随着水泥水化作用的进行,无水熟料中矿物成分向水化产物转化,其固含量逐步增大,而水泥-水体系的总含量则不断减少。这种体积减缩的原因是化学反应导致的,因而称为化学收缩[27]。这种体积变化与水泥的水化程度成正比[28],掺用活性很高的矿物外加剂,例如硅灰或超细矿渣,化学收缩会在一定范围内随其掺量的增加而增大。化学收缩在硬化前不影响硬化水泥浆体的性质,硬化后则随着水灰比的不同形成不同的孔隙率而影响水泥基材料的宏观力学性能[29]。

Ei-ihci Tazwa、Shingo Miyazwa 等人[30]利用自行设计的试验装置,对纯水泥浆体因水化引起的化学收缩进行了试验研究,结合水化方程式的计算,对化学手所指进行了研究,同时通过实际矿物的实验数据计算,得出硅酸二钙在水化完全时的化学收缩率为 10.87%;在测量的同时对测量方法进行验证,指出缺点,并改进相关的测量方法。

Pierre Mounanga[31]将水泥石中的氢氧化钙含量以及早期的化学收缩变形结合起来考虑,提出了一种适用于计算纯水泥浆体中氢氧化钙含量及化学收缩变形的半经验模型,并将该模型反复测试验证其有效性。试验中,通过测量试样的宏观体积变形,对于不同水灰比的水泥浆体在不同温度情况下养护时的化学收缩变形进行了测量;同时通过 TGA 方法测量了水泥浆体的水化程度以及氢氧化钙含量,其经验模型的预测值与试验结果的吻合较好。

Dale P. Benzt[32]从水泥浆体的水化机理出发,综合考虑水泥浆体的强度、化学收缩量和水化热,对水泥浆体的化学收缩进行了研究。

(2)干燥收缩

干燥收缩是指在水泥固化过程中,由于水分的蒸发和水泥内部结构的变化,导致水泥体积发生收缩的现象。干燥收缩是水泥基材料常见的性质之一,对于混凝土结构的设计和施工具有重要影响。不论是高水灰比还是低水灰比的混凝土,干燥收缩都对其养护结果产生一定程度的影响。

对于混凝土的干燥收缩,专业人士已经开展了各种研究,其影响因素也很多。经过综合考虑分析,主要的影响因素包括水灰比、失水速率、体积含量以及水化程度，与之相关的参数变化都会导致混凝土早期干燥收缩受影响。

（3）自收缩

自收缩是指混凝土浇筑成型后，由于水泥水化消耗掉混凝土内部的有效水分而造成其内部湿度降低，毛细孔中的水分不饱和并产生压力差引起的内部干燥现象[33]。自收缩的发展受到许多因素的影响，水灰比和龄期是影响混凝土自收缩的主要因素[34]。其次，水泥种类及其各相矿物组成[35]、矿物外加剂种类和掺量[36]和化学外加剂种类[37]对自收缩也有重要影响。另外，骨料种类和掺量也会影响自收缩[38]。

（4）温度收缩

混凝土的温度收缩是由于温度变化导致的混凝土在硬化过程中的体积变形。在水泥早期的水化过程中，会放出大量的热，一般每克水泥水化可放出 502 J 热量，在绝对条件下，每 45 kg 水泥水化将产生 5 ~ 8 ℃ 绝热温升[39]。没有添加凝结剂的混凝土在水泥水化反应开始约 12 小时，会出现一个温度的高峰，之后水化速率减缓，散热减少，在与外界环境进行热交换的影响下，温度开始下降。混凝土的水化反应是一个放热反应，当混凝土表面与外界环境接触时，会发生散热，导致表面温度较低，而内部温度较高。由于温度梯度的存在，混凝土会发生体积收缩。

（5）碳化收缩

碳化收缩是指混凝土中的水泥石与二氧化碳进行反应，产生碳酸盐沉淀从而引起体积收缩的现象。主要成分水泥石中的钙氢石灰会与空气中的二氧化碳反应生成碳酸钙和水，这个过程被称为碳化反应。混凝土碳化收缩的原理是碳化反应产生的碳酸盐沉淀比原始水泥石体积更小，从而导致混凝土整体收缩。碳酸盐的形成会使混凝土内部孔隙率降低，进而导致混凝土体积减小[40]。

碳化作用会引起混凝土体积的轻微减小和 pH 值的降低。一般认为，碳化作用对混凝土体积变化的影响远不及对 pH 值的影响大。相比其他收缩，碳化收缩对混凝土的影响很小，因此，本书对此不做过多的探讨。

### 1.2.5 水泥基材料收缩机理研究现状

混凝土的性能通常取决于胶凝材料浆体的性能,因此,要想在混凝土结构以及性能方面有新突破,对硬化胶凝材料的浆体结构方面有必要进行深入研究。水泥浆体的收缩主要包括自收缩、碳化收缩、干燥收缩和温度收缩4种,有资料表明[41],干燥收缩占水泥浆体收缩的80%~90%,且随时间增大而不断增大。

在第七届国际水泥(INTERCEM)会议上,F. H. Wittman[42]提出了孔隙学这一全新概念,F.H 认为孔隙学是一门高深的学科,主要研究孔的重要特征和孔结构的理论。孔结构的主要特征包括孔隙率、孔隙级配(颗粒直径分布)以及孔的几何空间特征(包括形状、大小和不同尺寸孔在几何空间的分布)。在材料科学领域,一些研究学者利用工程力学中的渗流理论和数学几何分型对多孔材料的微观结构和宏观性能进行了相关研究。

Koenders[43]建立了孔结构的数值模型和孔体系的数值模拟方法,利用建立的模型来模拟热平衡问题,最终表明该孔结构模型可以较好地模拟热平衡问题,与实验数据也较吻合。

Jennings 与 Gao Peiwei[44]研究发现,适量掺量的磷渣粉末能够增大 C-S-H 凝胶体的含量,减少有害微观孔洞(孔径大于 100nm)的形成,从而改善水泥浆体的微观结构和耐久性。S.Igarashi 等[14]通过 MIP 法和 BSE 的观测发现,随着水化反应的进行,低水灰比情况下的大毛细孔将会分割成多个小毛细孔,而小毛细孔逐步消失;而高水灰比情况下的大毛细孔则继续留在水泥浆体中,因而导致其强度较低。此外,Jennings 等[46]在水泥早期的干燥循环过程中,观察发现水泥浆体内部的毛细孔洞逐渐缩小直至消失,但 Jennings 等人并没有对其原因作进一步的分析研究。

国内外大量学者都对水泥在发生水化反应后的微观孔隙结构进行试验,通过实验结果显示:水化产物随着水化反应的不断进行,体积逐渐增多并且在毛细孔洞附近沉淀累积,导致毛细孔洞的体积被占据而缩小,最终使得水泥浆体在硬化后体积发生收缩。前期的研究结果表明[47],C-S-H 的毛细孔会因为收缩坍塌消失,为了研究发生坍塌现象的机理,对 C-S-H 凝胶内的单个孔洞进行建模并结合弹性力学的理论知识对坍塌现象进行分析。然而,要深入研究水泥基材料的干燥收缩模型,需要对双孔及多个毛细孔洞的坍塌现象进行理论分析,将 C-S-H 凝胶体简化为弹塑性材料,应用弹塑性理论来分析其多孔坍塌机制。

## 1.3 本书的研究目的、内容

### 1.3.1 研究目的

水泥基材料的微观结构、水化模型、收缩机理的研究都取得了长足的进步,但目前关于水泥基材料中各原材料的原始性状参数对硬化浆体的结构和宏观性能之间的关系的研究还主要停留在试验和经验阶段,而原材料性状参数与硬化体中颗粒的堆积与连接状态,以及硬化浆体的结构与宏观性能之间关系的研究相对割裂,缺乏统一的理论。当前,材料研究向着宏观和微观两个维度的发展方向不断推进,成为当今基础研究的重要课题所在。

水泥水化和微观结构演化是一个非常复杂的过程,对水泥基材料早期的力学性能产生明显影响。尽管以前已经进行了大量相关研究,但对于水泥浆体的微观结构与宏观力学性能之间的关系仍不清楚。在国外,这方面的研究得到了快速发展,无论是实验还是理论数值分析都取得了实质性进展。然而,国内在这方面的研究主要限于对水泥基材料细观结构和力学性能的概述,探讨研究方法以及介绍应用背景。根据目前的大量文献,尚未建立起具有代表性的水泥基材料微观结构模型,现有模型也存在不完善和参数过多的问题,无法真实地模拟水化过程,并且难以推广到三维空间。对于水泥基材料的收缩模型,主要通过试验得到一些半理论半经验模型,而且参数较多,应用受到限制。对于收缩机理,主要限于试验结果和定性分析,没有从本质上解释水泥基材料的收缩机理。

基于此,本书拟构建一种基于微细观尺度的水化模型,揭示水化作用对微细观结构的影响规律。在此基础上,综合考虑水灰比、渗透率等参数,构建基于水化-细观耦合的混凝土水化动力学理论模型,揭示混凝土水化各阶段的主控反应机制,构建混凝土水化微结构与宏观力学参数的关联。通过提出早期水泥基材料的化学收缩、干缩模型,揭示早期水泥基材料的收缩机制。

### 1.3.2 研究内容

(1)基于马尔科夫随机场理论和前期提出的中心粒子水化模型,构建非球形水泥颗粒的水化模型并定量表征水泥颗粒形状对水化程度、孔隙率的影响机制,将宏观水泥水化动力学与微观模型相结合,建立水化动力学的理论模型,并根据该模型来分析水泥浆体的化学收缩。

(2)根据水泥水化微观结构模型,考虑水泥化学组成、水灰比等因素,应用自洽理论计算水泥基材料有效弹性模量和泊松比随水化程度的变化规律。基于量子力学和化学反应动力学建立水泥水化反应的反应速率方程、水化反应的细观动力学方程和水化程度的计算方程,计算浆体中颗粒间接触面积、孔隙率和胶空比,建立浆体微结构参数与浆体力学性能之间的关系。

(3)以C-S-H胶凝胶体为研究对象,基于毛细管张力、表面自由能和弹塑性等基本原理,建立C-S-H胶凝胶体中多椭球形孔洞在三维非饱和水环境中的力学塌陷模型,采用吉布斯自由能U法,建立颗粒尺寸$a$、孔洞间距$x$和形态参数$m$与颗粒尺寸$a$、颗粒间距之间的三元关系,进而研究颗粒尺寸和孔洞间距对孔洞塌陷的影响。另外,从细观力学的角度出发,利用Eshelby包裹体理论,对水泥基材料的干缩机理进行了初步的探讨。

## 1.4 本书的主要工作

本书主要做了以下几方面工作:

(1)在F.Tomosawa的研究基础上,考虑了水灰比对水化进程的影响,提出了基于中心粒子的三维微观水化模型,并由上述模型导出了水化程度 $\alpha$ 与水化半径 $R$ 之间的关系表达式。根据该关系表达式,结合水泥水化的三维微观模型,提出了基于中心粒子模型的水化动力学方程。该动力学方程能够直接根据水泥基材料的化学组成及水灰比分析水泥基材料的水化速率随水化进程的变化,并导出了水化程度随时间的关系曲线。

(2)根据水泥水化过程中的组分变化,采用复合材料细观力学理论分别建立了水泥浆体、水泥砂浆和混凝土的细观力学模型,并分析了不同水灰比、骨料体积分数情况下水泥基材料的早龄期的弹性力学性能的演化关系,可用于预测水泥基材料的弹性模量随水化程度的演化关系。

(3)考虑了多种水泥基材料在水化过程中的因素,建立了水化动力学模型,并根据该动力学模型来预测水泥基材料的化学收缩随水化程度的变化规律。

(4)运用了毛细管张力、表面自由能及弹性力学理论,分别从二维饱和孔隙水状态、不饱和孔隙水状态及三维饱和孔隙水状态建立了C-S-H凝胶体的干燥收缩模型,从微观力学角度来探讨水泥基材料的收缩机理。

# 第 2 章

# 水泥基材料的水化动力学模型

## 2.1 概 述

根据实验研究表明,水泥的水化过程是一个极其复杂的化学反应和物理化学反应。由于水泥的颗粒具有大小不匀、形状复杂及多物相的特性,使得水泥颗粒在数学表示上显得格外复杂。

在早期,水泥的水化模型大部分是以水泥单矿物相硅酸三钙的水化为研究对象。于是,Kondo 等[48]开始提出了硅酸三钙的水化数学模型。与此同时,Frohnsdorff 等[49]提出了采用计算机模拟硅酸三钙水化过程的设想。这一概念在 20 世纪 70 年代末由 Pommersheim[50]和 Clifton 提出的硅酸三钙水化动力学模型中得到实现,这一模型研究的主要设想是把硅酸三钙的相看作是球形颗粒,而经过一定程度水化后的硅酸三钙颗粒是由未水化内核、内层水化产物、中间层和外层水化产物这四个部分组成的。Taylor[51]等人对水泥中的 4 种主要矿物的水化模型进行了系统的研究后,陆续发展起了水泥基复合材料的细观结构模型。水泥基复合材料的细观结构模型为后来陆续发展起来的水泥基材料细观组织结构的高级模型的发展奠定了基础。美国学者Jennings和Johnson[52]在1986年创立了连续描述法,连续描述法首次提出把水泥颗粒模拟在球形或者立方体空间参考单元(reference unit)内随机分布的球形颗粒。在水泥水化过程中,水泥颗粒的体积会随着水化过程的进行逐渐增大,这样一个水化模型的简化概念的初步形成是为后来得到广泛应用的水泥水化连续模型的基础。而Berlage根据Frohnsdorff和Jennings的思路也提出了一个模拟水泥水化的模型,简称HYDRASIM。随后荷兰代尔夫特理工大学(DELFTU University of Technology)土木工程和地质科学系的Van Breugel教授领导的混凝土结构研究组开发的HYDRASIM(Hydrartion Morphology and Structure formation)[54]软件系统就是在HYDRADIM模型的基础上进一步完善而成的,HYMOSTRUC模型考虑了水泥的矿物组成、矿物掺合料及水灰比,养护温度等技术参数对水泥水化进程的影响,是在连续基模型中最为系统全面的水泥水化模型。

F.Tomosawa[55]提出了经典的中心粒子水化模型,该模型用于模拟水泥净浆的水化历程。然而,中心粒子水化模型是假定水泥颗粒浸没在无限水的环境中,并没有考虑在水化过程中水灰比造成的影响。因此,本章在F.Tomosawa的研究基础上,考虑了水灰比对水化过程的影响,提出了基于中心粒子水化模型的水化动力学模型。考虑到稻壳灰对复合胶凝体系的稀释效应、化学效应、稻壳灰多孔结构对于水的吸收和释放等因素,建立了稻壳灰(RHA)-水泥胶凝体系的水化模型。与此同时,由于煅烧黏土和石灰石矿物掺合料的稀释效应、成核作用和火山灰反应等影响作用,还提出了一种评估LC$^3$混凝土化学和力学性能的水化动力学模型。

## 2.2 水泥基材料的中心粒子水化模型

在过去的关于水泥基材料的实验研究里,胶凝材料的水化模型在对水泥基材料发生硬化之后对微观结构的模拟起着关键作用。进而,在对水泥基材料的各种微观结构数值模型几乎都是通过模拟水泥颗粒或者水泥各矿物相在水化之前的空间分布状态及其水化过程作为出发点。

假设初始阶段的水泥颗粒为球状,它在与水接触后,水泥颗粒的表面覆盖着一层由水化产物组成的薄膜。而水泥颗粒外面的水通过这层由水化产物形成的薄膜进入到未水化水泥颗粒,与水泥颗粒发生水泥水化反应,则新形成的水化产物开始不断向外面扩散,产生的水化产物均匀覆盖在未水化水泥颗粒的表面。

为了简化水泥基材料的中心粒子水化模型,假定水泥颗粒是由三部分组成的,其中包括未反应的水泥颗粒,产生的水化产物及薄膜上的毛细孔洞,并且假定水泥颗粒均为球状且尺寸大小相同,在水泥净浆中均匀分布。随着水泥水化过程的发生,产生的水化产物在水泥颗粒的表面上均匀增加。而水泥的整体颗粒的形状仍然是球体。该模型示意图如图 2.1 所示。

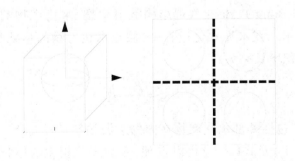

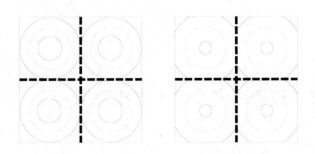

**图 2.1 水化模型示意图**

在水泥水化过程中,随着产生的水化产物的逐渐增加,毛细孔洞的体积逐渐减小。本文假定模型为边长 $L$ 的立方体水泥净浆模型,水灰比为 $\dfrac{w}{c}$,水泥和水的密度分别为 $\rho_c$,则可计算初始时刻水泥的体积:

$$V_c = \dfrac{1}{\rho_c \dfrac{w}{c} + 1} \tag{2.1}$$

水泥颗粒的半径 $r_0$:

$$r_0 = \sqrt[3]{\dfrac{3V_c}{4\pi}} \tag{2.2}$$

若假定水泥颗粒与它的邻近的水泥颗粒粒子不接触,则水化程度 $\alpha$ 可以表示为:

$$\alpha = 1 - \left(\dfrac{r_i}{r_0}\right)^3 \tag{2.3}$$

式中,$r_i$ 为未水化水泥颗粒的半径。

依据 Ki-Bong Park 的微观结构数值模型,水化产物的增长可用下面的方法表示。在水泥水化过程中,假定水化产物的形状是球体,则水化产物的体积增长率为:

$$\xi = \dfrac{R^3 - r_i^3}{r_0^3 - r_i^3} \tag{2.4}$$

式中,$R$ 包括外部水化产物在内的水泥颗粒半径。

从式(2.3)及式(2.4)可以发现,$R$ 为水化程度与体积增长速率的函数:

$$R = \left[1 + (\xi - 1)\alpha\right]^{1/3} r_0 \qquad (2.5)$$

### 2.2.1 水化半径随水化程度的变化规律

在水泥的水化过程中,假设不考虑水分的蒸发,每一种水泥完全水化都需要有一个最小的理论水灰比,这会根据水泥的成分的不同而发生变化。而水泥的主要成分包括硅酸三钙($C_3S$),硅酸二钙($C_2S$),铝酸三钙($C_3A$),铁铝酸四钙($C_4AF$)。K.van Breugel 等人[22]的研究表明,这四种成分完全水化所需的理论水灰比分别为$\left(\frac{w}{c}\right)_1 = 0.234$,$\left(\frac{w}{c}\right)_2 = 0.178$,$\left(\frac{w}{c}\right)_3 = 0.514$,$\left(\frac{w}{c}\right)_4 = 0.158$。假定某种水泥这四种成分的含量分别为$a$,$b$,$c$,$d$,则这种水泥所需的最小理论水灰比为:

$$\frac{w}{c} = a\left(\frac{w}{c}\right)_1 + b\left(\frac{w}{c}\right)_2 + c\left(\frac{w}{c}\right)_3 + d\left(\frac{w}{c}\right)_4 \qquad (2.6)$$

若给定某种水泥成分的含量,则可以计算出这种水泥完全水化的最小理论水灰比。

根据 Power[22] 的理论,水泥在水化过程中的绝对体积收缩为 7%~9%,而本文假定水泥在水化过程中水分没有蒸发,若不考虑水泥水化过程中的体积变形,则水化程度$\alpha(R)$与水化半径$R$的函数表达式为:

$$\alpha(R) = \left[\frac{V_s\left(1 + \rho_c \frac{w}{c}\right)}{L^3} - 1\right] \times \frac{1}{\rho_c \left(\frac{w}{c}\right)_{\min}} \qquad (2.7)$$

式中,$\rho_c$为水泥的密度;$V_s$为水化过程中水化产物与未水化水泥颗粒的总体积。

$$V_S = \frac{4}{3}\pi R^3, R < \frac{L}{2} \qquad (2.8)$$

$$V_S = \frac{4}{3}\pi R^3 - 6\pi\left(\frac{2R^3}{3} + \frac{l^3}{24} - \frac{lR^2}{2}\right), \frac{L}{2} < R < \frac{\sqrt{2}}{2}L \qquad (2.9)$$

$$V_S = 2l^2\sqrt{R^2 - \frac{l^2}{4}} + 16\int_{\sqrt{R^2-l^2/2}}^{l/2} S_1(x) + S_2(x)\mathrm{d}x, \frac{\sqrt{2}}{2}L < R < \frac{\sqrt{3}}{2}L$$

(2.10)

式中，$S_1(x) = \sqrt{R^2 - \frac{l^2}{4} - x^2}$ $S_2(x) = \frac{R^2-x^2}{4}\left[\frac{\pi}{4} - \arccos\left(\frac{l}{2\sqrt{R^2-x^2}}\right)\right]$ （2.11）

计算示意图如图 2.2 所示。

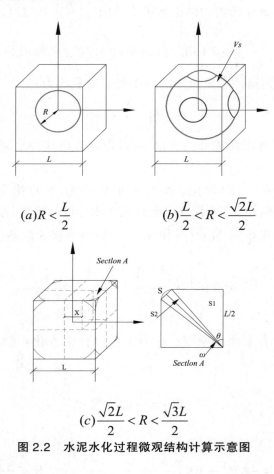

$(a) R < \dfrac{L}{2}$

$(b) \dfrac{L}{2} < R < \dfrac{\sqrt{2}L}{2}$

$(c) \dfrac{\sqrt{2}L}{2} < R < \dfrac{\sqrt{3}L}{2}$

图 2.2　水泥水化过程微观结构计算示意图

## 2.2.2 算例

为了理论和试验加以对比,本章采用江西某水泥厂生产的普通硅酸盐水泥 42.5 进行计算,其主要成分见表 2.1。

表 2.1 水泥矿物成分含量表

| 水泥种类 | $C_3S$ | $C_2S$ | $C_3A$ | $C_4AF$ |
|---|---|---|---|---|
| 42.5 | 56.2% | 24.3% | 10.1% | 9.4% |

根据式(2.6),可以计算出水泥的理论水灰比为:

$$\frac{w}{c} = 0.234 \times 56.2\% + 0.178 \times 24.3\% + 0.514 \times 10.1\% + 0.158 \times 9.4\% = 0.242$$

假定参数 $\rho=3.1$,$L=10$ μm。则若给定确定的水灰比时,就可以计算出在不同水灰比下水化程度 $a$ 随 $R$ 的变化的具体量值。不同水灰比下水化半径 $R$ 随水化程度 $a$ 的变化曲线如图 2.3 所示。

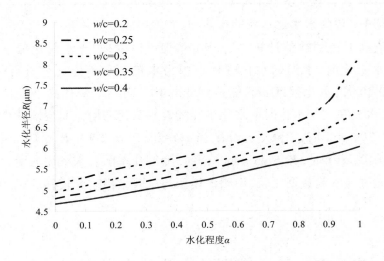

图 2.3 不同水灰比时水化半径 $R$ 随水化程度 $a$ 的变化曲线

将模型数据与 S. Igarashi 的试验数据[57]相比较,结果见表 2.2、表 2.3。

表 2.2  $w/c=0.25$ 时模型数据与试验数据比较

| 水化程度 $\alpha$ | 试验数据 | | | 模型数据 | | |
| --- | --- | --- | --- | --- | --- | --- |
| | $V_i$(%) | $V$(%) | 孔隙率(%) | $V_i$(%) | $V$(%) | 孔隙率(%) |
| 0 | 56 | 0 | 44 | 56.3 | 0 | 43.7 |
| 0.2 | 44.8 | 23.2 | 32 | 44.9 | 19.8 | 35.3 |
| 0.4 | 33.6 | 42.4 | 24 | 34.0 | 39.1 | 26.9 |
| 0.6 | 22.0 | 56.9 | 21.1 | 22.4 | 59.1 | 18.5 |

表 2.3  $w/c=0.40$ 时模型数据与试验数据比较

| 水化程度 $\alpha$ | 试验数据 | | | 模型数据 | | |
| --- | --- | --- | --- | --- | --- | --- |
| | $V_i$(%) | $V$(%) | 孔隙率(%) | $V_i$(%) | $V$(%) | 孔隙率(%) |
| 0 | 44 | 0 | 56 | 44.6 | 0 | 55.4 |
| 0.2 | 35.1 | 20.9 | 44 | 35.7 | 15.6 | 48.7 |
| 0.4 | 26.2 | 34.8 | 39 | 26.8 | 31.1 | 42.1 |
| 0.6 | 18 | 50 | 32 | 18.3 | 46 | 35.7 |

其中：$V_i$ 为未水化水泥颗粒体积，$V$ 为凝胶体的体积。

依据上述的数值计算进行分析整理可以发现，当水灰比低于最小理论水灰比时，水泥的水化过程会因为水量不足不能充分进行（例当 $w/c=0.20$ 时，水化程度 $\alpha$ 只能达到 0.834）。而当水灰比高于理论水灰比时，水泥在完全水化时的水化半径随着水灰比的增大而逐渐减小。当 $w/c=0.30$，$\alpha=1$ 时，$R=6.55$ mm；当 $w/c=0.35$，$\alpha=1$ 时，$R=6.17$ mm；当 $w/c=0.40$，$\alpha=1$ 时，$R=5.93$ mm。同时，毛细孔率随着水灰比的增大而增大。通过与试验数据比较，说明该模型与试验结果吻合较好。

## 2.3  基于中心粒子模型的水化动力学模型

化学反应动力学以动态的观点来研究化学反应，分析化学反应过程中内因（反应物的状态、结构）和外因（催化剂）对于反应速率和反应方向的影响,揭示了化学反应的宏观和微观机理[58]。Swaddiwudhipong[59]的研究表明,在相同条件下,水泥的水化反应为各相矿物成分单独反应的综合:根据水泥的各相矿物组成,在一定程度上描述水泥的水化特征。目前,国内外许多学者分别从不同角度对水泥水化动力学进行分析研究。de Schutter [60-61] 通过使用两种方法来研究矿渣硅酸盐水泥的水化过程,这两种方法分别是等温量热法和绝热温升法。并且认为硅酸盐水泥与矿渣的水化过程是可以分离的,但却没有解释在不同水化阶段的相应反应机理。Fernandez–Jimene 等 [62-63] 通过对碱来激发矿渣水泥的水化过程进行了动力学研究,由于他们的研究只分析了由扩散控制的反应,不能从微观结构角度来分析水泥水化过程,也没有考虑水灰比、初始温度等这些因素对水化放热的影响,并且他们的研究需要一定的试验数据来拟合水泥水化的反应速率常数。目前比较有代表性的是 Krstulovic[64] 提出的水泥基材料的水化动力学模型,他认为水泥基材料的水化反应具有3个基本过程:结晶成核与晶体生长(NG)、相边界反应(I)和扩散(D)。这3个过程可以同时发生,但是水化过程的整体发展程度取决于其中最慢的一个反应过程。这3个过程的微分与积分表达式如下式所示:

结晶成核与晶体生长(NG):

$$[-\ln(1-\alpha)]^{1/n} = K_{NG}t \qquad (2.12)$$

相边界反应(I):

$$\left[-\ln(1-\alpha)^{1/3}\right]^1 = K_I t \qquad (2.13)$$

扩散(D):

$$\left[-\ln(1-\alpha)^{1/3}\right]^2 = K_D t \qquad (2.14)$$

对式(2.12)~式(2.14)微分,可以得到以水化速率来表示这三个过程的动力学方程式,如式(2.15)~式(2.17)所示。

结晶成核与晶体生长(NG)过程微分式:

$$\frac{d\alpha}{dt} = K_{NG}^n n t^{n-1} e^{-(K_{NG}t)^n} \qquad (2.15)$$

相边界反应（Ⅰ）过程微分式：

$$\frac{d\alpha}{dt} = K_I \times 3(1 - K_I t)^2 \quad (2.16)$$

扩散（D）过程微分式：

$$\frac{d\alpha}{dt} = K_D \times \frac{\left[1 - (K_D t)^{1/2}\right]^2}{(K_D t)^{1/2}} \quad (2.17)$$

式中，$K_{NG}$ 为结晶成核与晶体生长反应过程的反应速率常数；$K_I$ 为相边界反应过程的反应速率常数；$K_D$ 为扩散反应过程的反应速率常数；$n$ 为反应级数。

水泥基材料的水化动力学模型是具有代表性的水化动力学模型，但却无法避免地存在着一些缺陷：

（1）水泥基材料的水化动力学模型将水泥水化反应过程划分为三个基本过程，但却不能明确地划分这三个过程，这三个过程中相互影响，并不是相互独立的。

（2）该模型考虑水泥能够被充分水化，但却只认为水化反应速率只与水泥颗粒的粒径有关，而与水灰比无关。但是在低水灰比的情况下，由于单位体积含水量较低，水泥颗粒与水并不能很好地接触，导致了水泥水化反应不能充分进行。

（3）水泥颗粒的粒径属于微观范畴，且随着水化过程的进行会不断发生变化。因此，该模型的计算误差较大。

因此，本书将从水泥水化过程中对水泥微观结构的影响作为出发点，结合前面建立的水化反应的三维微观模型，通过水化动力学理论来进行预测水泥颗粒水化反应的进程。依据前文推导出的水化程度 $\alpha$ 与水化半径 $R$ 之间的关系，再结合水化过程的三个基本过程，从动态的角度分析研究了水化半径 $R$ 与时间 $t$ 的关系，进而得到了关于水化程度 $\alpha$ 随时间 $t$ 的变化关系。于是，提出了基于微观结构模型的水化动力学方程。

### 2.3.1 水化反应三个过程的动态关系

（1）结晶成核与晶体生长反应过程

从动态角度方面考虑，水泥的水化反应是一些物理以及物理化学反应的综合过程，在该过程中会同时存在着化学反应、扩散、析晶等许多相互影响的过程。根据相关实验表明，水泥的水化过程是由三种机理所控制的，第一种是水化初期时水化产物的成核和晶体生长，这一机理比较复杂，目前还没有完全被人们所认识，考虑到这一机理的作用时间非常短，在本书中暂不考虑[65]。

（2）相边界反应过程

当水泥颗粒遇水后就会在颗粒表面立即发生溶解并开始发生水泥水化作用。相边界反应过程的反应速率主要是由化学反应速率决定的。由化学反应速率控制的水泥水化动力学可借鉴与固相反应相同的方法来近似描述其动力学特征。当反应速率取决于固、液相的反应时，水化产物层厚度与时间的关系如下式所示[66]：

$$\left.\begin{array}{l}\dfrac{dh}{dt}=k_1\\ h=k_1 t\end{array}\right\} \quad (2.18)$$

则水化产物层厚度可表示为：$h = R - r$，$R$ 表示包括外部水化产物在内的水泥颗粒半径，$r$ 表示未水化水泥颗粒半径，而 $k_1$ 表示化学反应速率。在一般情况下，化学反应速率与温度等因素有关，在本章中，并不考虑养护温度对化学反应速率的影响，$k_1$ 则近似为常数，仅仅考虑水泥基材料的组成及水灰比对化学反应速率的影响。

当 $R < \dfrac{L}{2}$ 时，$R = \sqrt[3]{\dfrac{3V_s}{4\pi}}$，$r = r_0 \sqrt[3]{1-\alpha}$，将其代入式（2.18）得：

$$\sqrt[3]{\dfrac{3L^3\left[\alpha\rho_c\left(\dfrac{w}{c}\right)_{\min}+1\right]}{4\pi\left(1+\rho_c\dfrac{w}{c}\right)}} - r_0\sqrt[3]{1-\alpha} = k_1 t = A \quad (2.19)$$

令 $A = \dfrac{3L^3 \rho_c \left(\dfrac{w}{c}\right)_{\min}}{4\pi\left(1+\rho_c \dfrac{w}{c}\right)}$，$B = \dfrac{3L^3}{4\pi(1+\rho_c \dfrac{w}{c})}$，则式（2.19）可简化为：

$$\sqrt[3]{A\alpha + B} - r_0 \sqrt[3]{1-\alpha} = k_1 t \qquad (2.20)$$

则水化速率可表示为：

$$\dfrac{d\alpha}{dt} = \dfrac{k_1}{\dfrac{A}{3} \times (A\alpha+B)^{-\frac{2}{3}} + \dfrac{r_0}{3} \times (1-\alpha)^{-\frac{2}{3}}} \qquad (2.21)$$

当 $\dfrac{L}{2} < R < \dfrac{\sqrt{2}L}{2}$ 时，

$$R = \left[-\left(\dfrac{D^3}{27}+\dfrac{E}{2}\right)+\left(\dfrac{D^3 E}{27}+\dfrac{E^2}{4}\right)^{\frac{1}{2}}\right]^{\frac{1}{3}} + \left[-\left(\dfrac{D^3}{27}+\dfrac{E}{2}\right)-\left(\dfrac{D^3 E}{27}+\dfrac{E^2}{4}\right)^{\frac{1}{2}}\right]^{\frac{1}{3}} - \dfrac{D}{3}$$

$$(2.22)$$

式中，$D = -\dfrac{9L}{8}$，$E = \dfrac{3L^3}{32} + \dfrac{3}{8\pi} \times \dfrac{\alpha\rho\left(\dfrac{w}{c}\right)_{\min}+1}{1+\rho_c \dfrac{w}{c}}$，则

$$h = R - r = \left[-\left(\dfrac{D^3}{27}+\dfrac{E}{2}\right)+\left(\dfrac{D^3 E}{27}+\dfrac{E^2}{4}\right)^{\frac{1}{2}}\right]^{\frac{1}{3}} + \left[-\left(\dfrac{D^3}{27}+\dfrac{E}{2}\right)-\left(\dfrac{D^3 E}{27}+\dfrac{E^2}{4}\right)^{\frac{1}{2}}\right]^{\frac{1}{3}}$$

$$-\dfrac{D}{3} - r_0 \sqrt[3]{1-\alpha} = h \qquad (2.23)$$

（3）扩散反应过程

在水泥的水化过程中，产生的水化产物层是在水泥颗粒的表面形成的，并完全包裹住未水化水泥颗粒。所以液相就必须通过渗透与未水化水泥颗粒的表面接触。即通过水化产物层渗透的水化反应就是由扩散速率控制的过程。

在扩散速率控制的反应过程中，随着反应时间逐渐增加，产生的水化产物层厚度逐渐增大，也使得扩散阻力逐渐增大，从而逐步减缓了扩散速率。因而反应速率会相应地随水化产物层厚度的增大而降低。但本章节仍以 $h$ 为水化产物厚度，$k_2$ 为扩散系数，与化学反应速率情况相同，也近似认为 $k_2$ 为常数，则有：

$$\left.\begin{array}{l}\dfrac{dh}{dt}=\dfrac{k_2}{h}\\ h^2=2k_2t\end{array}\right\} \qquad (2.24)$$

当 $R<\dfrac{L}{2}$ 时，$R=\sqrt[3]{\dfrac{3V_s}{4\pi}}$，$r=r_0\sqrt[3]{1-\alpha}$，将其代入上式得：

$$\left(\sqrt[3]{\dfrac{3L^3\left[\alpha\rho_c\left(\dfrac{w}{c}\right)_{\min}+1\right]}{4\pi(1+\rho_c\dfrac{w}{c})}}-r_0\sqrt[3]{1-\alpha}\right)^2=2k_2t \qquad (2.25)$$

当 $\dfrac{L}{2}<R<\dfrac{\sqrt{2}L}{2}$ 时，

$$R=\left[-(\dfrac{D^3}{27}+\dfrac{E}{2})+(\dfrac{D^3E}{27}+\dfrac{E^2}{4})^{\frac{1}{2}}\right]^{\frac{1}{3}}+\left[-(\dfrac{D^3}{27}+\dfrac{E}{2})-(\dfrac{D^3E}{27}+\dfrac{E^2}{4})^{\frac{1}{2}}\right]^{\frac{1}{3}}-\dfrac{D}{3}$$

$$(2.26)$$

式中，$D=-\dfrac{9L}{8}$，$E=\dfrac{3L^3}{32}+\dfrac{3}{8\pi}\times\dfrac{\alpha\rho_c\left(\dfrac{w}{c}\right)_{\min}+1}{1+\rho_c\times\dfrac{w}{c}}$，则

$$h=R-r=\left[-(\dfrac{D^3}{27}+\dfrac{E}{2})+(\dfrac{D^3E}{27}+\dfrac{E^2}{4})^{\frac{1}{2}}\right]^{\frac{1}{3}}+\left[-(\dfrac{D^3}{27}+\dfrac{E}{2})-(\dfrac{D^3E}{27}+\dfrac{E^2}{4})^{\frac{1}{2}}\right]^{\frac{1}{3}}$$

$$-\dfrac{D}{3}-r_0\sqrt[3]{1-\alpha}=2k_2t \qquad (2.27)$$

### 2.3.2 算例

根据进行大量的试验数据统计，水泥的水化程度在 28 d 达到 0.7~0.85，28 d 以后的水化速率开始逐渐减小，因此在本章节的模型假定 $t$ 为 28 d 时，水化程度为 0.8。为了与试验数据进行比较，采用文献 [67] 中的数据，其成分参数如表 2.4 所示。

表2.4　水泥各组分含量与材料常数

| 水泥各组分含量 | | | | 最小水灰比 $(\frac{w}{c})_{min}$ | 密度(g/cm³) |
|---|---|---|---|---|---|
| $C_3S$（%）| $C_2S$（%）| $C_3A$（%）| $C_4AF$（%）| | |
| 71.6 | 10.9 | 3.7 | 10.7 | 0.253 | 3.10 |

（1）假设水化反应速率由化学反应控制，则在给定不同水灰比时，可分别求得$k_1$，作出不同水灰比情况下的水化反应速率曲线，如图2.4所示。

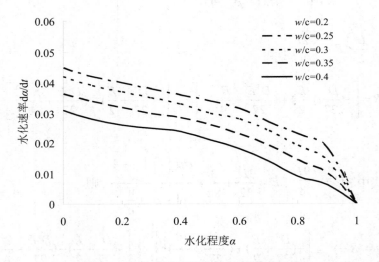

图2.4　由化学反应控制的水化速率曲线

（2）假定水化反应速率由扩散反应控制，则给定不同水灰比时，可分别求得$k_2$，作出不同水灰比情况下的水化反应速率曲线，如图2.5所示。

为了和试验[68]加以比较，令$w/c$ =0.30，作出两种反应控制的水化速率曲线如图2.6所示。

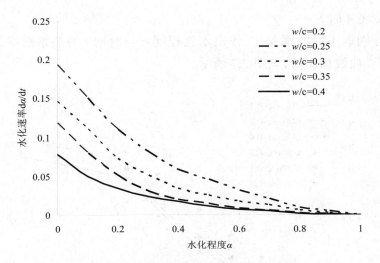

**图 2.5　由扩散反应控制的水化反应速率曲线**

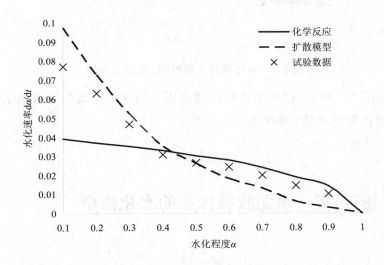

**图 2.6　两种控制反应结合的水化速率曲线**

如图 2.6 所示，在水化反应初期时，此时的水分较为充足，当水泥颗粒遇水后就会在颗粒表面立即开始发生溶解并产生水化作用，因而在水化反应初期时，化学反应速率对水化速率起主导作用（在水化程度 $\alpha<0.4$ 时）；紧接着随着时间的累积，产生的水化产物越来越多，导致水化产物层的厚度增大，水分则需要通过渗透来与未水化水泥的颗粒进行表面接触，此时的水泥水化反应就转变为由扩散速率进行控制（在水化

程度 $\alpha>0.4$ 时）。

分别取不同的水灰比，作出水化程度 $\alpha$ 与时间 $t$ 的关系曲线，并将试验[69]曲线相比较，如图 2.7 所示。

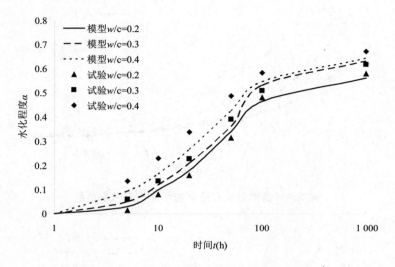

图 2.7　水化程度 $\alpha$ 随时间 $t$ 的变化曲线

如图 2.7 所示，该模型能较好地模拟不同水灰比情况下水泥水化过程中水化程度 $\alpha$ 随时间 $t$ 的变化关系。

## 2.4　稻壳灰 – 水泥胶凝体系的水化模型

在我国，稻谷是主要的农作物之一。经过估算，大约每年的谷壳产量为 4 千多万吨，这里面除了极小部分用于动物饲料、酿酒发酵、田间肥料等外，绝大部分成为了废弃物或者通过焚烧进行处理。然而，这样既造成了严重环境污染，也占用了更多的生活空间，其资源化处置问题日益突出，如何解决稻壳垃圾已经成为了亟需解决的问题[70]。稻壳灰（RHA）是由稻壳的受控燃烧产生的一种用作高度反应性的薄壁材料，作为一种具有潜在资源属性的废弃物，稻壳灰在水泥基材料中的综合应用具有重要的环保和经济意义。目前,国内外有许多研究者致力于研究 RHA 对水泥和混凝土材料性能方面的显著改善,已经取得了一定成效[71-73]。

在研究复合胶凝体系的理论模型方面,Feng 等人[74]采用盐酸预处理的方法研究了 RHA 的火山灰性能,提出稻壳灰与石灰混合体系的反应动力学与扩散控制相一致,可以用 Jander 扩散方程来表示。Nguyen[75]运用了复合胶凝体系的水化模型,模拟了在水胶比为 0.4 时 RHA-水泥胶凝体系的微观结构发展和水化过程中氢氧化钙含量的变化随时间的演化规律。Narmluk 和 Nawa[76,77]基于中心粒子水化模型建立了低水胶比的粉煤灰-水泥胶凝体系的水化动力学模型,该模型能够定量分析粉煤灰-水泥胶凝体系的水化过程。

从国内外稻壳灰-水泥基材料的研究中可以看出,稻壳灰能够改善水泥基材料的工作性能、力学性能、耐久性能,但在 RHA-水泥胶凝体系的理论模型的研究方面,研究工作还不够深入。本书基于前期研究的中心粒子水化模型,通过考虑稻壳灰对复合胶凝体系的稀释效应、化学效应、稻壳灰多孔结构对于水的吸收和释放等因素,建立了关于 RHA-水泥胶凝体系的水化动力学模型,并以水灰比、环境温度、RHA 颗粒细度和掺量等为变化参数,通过模型计算与试验结果相比较,证明所建立的模型可较好地模拟含 RHA-水泥胶凝体系的水化进程,可用于预测 RHA-水泥胶凝体系的水化程度随龄期的变化规律。

### 2.4.1 稻壳灰-水泥胶凝体系的水化模型

(1)稻壳灰-水泥胶凝体系的化学当量计算

稻壳灰的主要成分为无定型二氧化硅,RHA 的平均粒径在 5~10 μm 左右,比硅粉要大得多,由于其颗粒为多孔结构,使得自身具有很大的表面积[78]。由于 RHA 的反应活性会随着细度模数的增大而提高,且磨细后的 RHA 粒径更小,具有反应活性所需的尺寸分布。Bentz 等人[79]根据化学计量学的原理,提出了在水化过程中稻壳灰-水泥胶凝体系中氢氧化钙当量的计算方法,用以下方程式来确定:

$$CH = RCH_{CE}C_0\alpha - 1.36\alpha_{RHA} m_{RHA0} \gamma_s \quad (2.27)$$

其中，$RCH_{CE}$ 为 1 g 水泥水化产生的氢氧化钙的质量；$\alpha_{RHA}$ 为稻壳灰中活性相的水化程度；$m_{RHA0}$ 为 RCH-水泥胶凝体系中 RCH 的质量；$\gamma_s$ 是稻壳灰中活性二氧化硅的质量分数。在上式中，$RCH_{CE}C_0\alpha$ 表示水泥水化生成的氢氧化钙量；$1.36\alpha_{RHA}m_{RHA0}\gamma_s$ 表示在 RHA 的火山灰反应中氢氧化钙的消耗量。

类似于水泥的水化反应，随着 RHA 火山灰反应的开始，体系中的一部分自由水将会吸附在 RHA 的水化产物中。Jensen 和 Hansen[80] 的研究表明，在活性二氧化硅的硅粉反应中，1g 活性二氧化硅反应会消耗 0.5 g 凝胶水，却不消耗化学结合水，因此，RHA 胶凝体系的毛细水和化学结合水的当量计算可由式（2.28）和式（2.29）表示：

$$w_{cap} = w_0 - 0.4C_0\alpha - 0.5\alpha_{RHA}m_{RHA0}\gamma_s \qquad (2.28)$$

$$w_{chem} = 0.25C_0\alpha \qquad (2.29)$$

其中，$w_{cap}$ 和 $w_{chem}$ 分别是毛细管水和化学结合水的质量；$0.4C_0\alpha$ 表示由于在水泥的水化过程中毛细管水的消耗量；$0.5\alpha_{RHA}m_{RHA0}\gamma_s$ 表示在 RHA 火山灰反应中导致的毛细管水的消耗量。

（2）RHA-水泥胶凝体系中水的吸收和释放

由于 RHA 是一种多孔材料，在 RHA-水泥胶凝体系中，水分会被 RHA 的多孔结构所吸附，当水化反应进行时，其吸收的水分将可以释放出来，并参与水泥的水化过程。由于 RHA 孔隙的尺寸范围较大，因此 RHA 的内所吸附的固化水分可以有效的减少高性能混凝土在早期和后期的自收缩[79,80]。

Bentz 等人[79] 的研究只考虑了水化过程所消耗的毛细水，并没有考虑 RHA 结构的吸收和释放水的作用。本书考虑了混合水的吸收和释放，对 Bentz 等人研究的研究结果进行修正，计算毛细管水的化学当量由下式计算：

$$w_{cap} = w_0 - \frac{\varphi_{RHA}m_{RHA0}}{\rho_{RHA}} \quad (t=0) \qquad (2.30)$$

式中，$\varphi_{RHA}$ 为 RHA 的孔隙度；$-\dfrac{\varphi_{RHA}m_{RHA0}}{\rho_{RHA}}$ 表示稻壳灰多孔结构对体系水分的吸收量。

$$w_{cap} = w_0 - \frac{m_{RHA0}\varphi_{RHA}}{\rho_{RHA}} - 0.4C_0\alpha - 0.5\alpha_{RHA}m_{RHA0}\gamma_s$$
$$+0.0625C_0\alpha + 0.22\alpha_{RHA}m_{RHA0}\gamma_s\frac{m_{RHA0}\varphi_{RHA}}{\rho_{RHA}} \quad (2.31)$$
$$\geq (0.0625C_0\alpha + 0.22\alpha_{RHA}m_{RHA0}\gamma_s)$$

$$w_{cap} = w_0 - \frac{m_{RHA0}\varphi_{RHA}}{\rho_{RHA}} - 0.4C_0\alpha - 0.5\alpha_{RHA}m_{RHA0}\gamma_s$$
$$+0.0625C_0\alpha + 0.22\alpha_{RHA}m_{RHA0}\gamma_s\frac{m_{RHA0}\varphi_{RHA}}{\rho_{RHA}} \quad (2.32)$$
$$\leq (0.0625C_0\alpha + 0.22\alpha_{RHA}m_{RHA0}\gamma_s)$$

当体系中 RHA 的吸收水量高于体系的化学收缩时,毛细水 $w_{cap}$ 采用式(2.31)来计算。$0.0625C_0\alpha$ 表示由于水泥水化产生的化学收缩反应所吸收的水量,$0.22\alpha_{RHA}m_{RHA0}\gamma_s$ 表示由于 RHA 反应的化学收缩反应吸收的水量。当 RHA 中所吸收的水含量小于 RHA-水泥胶凝体系的化学收缩时,假定从 RHA 中释放的水的质量为零。另外,方程式(2.30)~式(2.32)只对水泥混合水的吸收和释放进行了近似建模。除了 RHA 的化学收缩和总孔体积外,吸收水的释放也与其他因素有关,包括 RHA-水泥胶凝体系的初始水胶比、RHA 的饱和度、RHA 的吸附水和释放水、RHA 的粒径和孔径分布、反应产物的相对湿度梯度、液体水分和蒸汽的质量和动量守恒[74,81]。因此,要精确模拟 RHA-水泥胶凝体系的水化动力学过程需要考虑 RHA 颗粒对于水分的吸收和释放。

(3) RHA-水泥胶凝体系的水化动力学方程

和硅灰相比,稻壳灰的平均粒径要大得多。Nguyen[75]通过试验研究了 RHA-水泥胶凝体系的等温水化过程,结果表明,该反应与硅灰-水泥胶凝体系的水化过程不同,存在初始休眠期。在本书中,假设 RHA 的反应包括三个过程,这三个过程分别是初始休眠过程、相边界反应过程和扩散过程。本书基于水泥浆体的中心粒子水化模型,通过考虑稀释效应、化学效应、混合水对水的吸收和水化过程中吸收水的释放等因素,建立了稻壳灰-水泥胶凝体系的水化模型,其水化动力学方程如下式表示:

$$\frac{d\alpha_{RHA}}{dt} = \frac{m_{CH}(t)}{m_{RHA0}} \frac{3\rho_w}{v_{RHA}r_{RHA0}\rho_{RHA}} \frac{1}{\left(\frac{1}{k_{dRHA}} - \frac{r_{RHA0}}{D_{eRHA}}\right) + \frac{r_{RHA0}}{D_{eRHA}}(1-\alpha_{RHA})^{-\frac{1}{3}} + \frac{1}{k_{rRHA}}(1-\alpha_{RHA})^{-\frac{2}{3}}}$$

(2.33)

$$k_{dRHA} = \frac{B_{RHA}}{\alpha_{RHA}^{1.5}} + C_{RHA}\alpha_{RHA}^3 \tag{2.34}$$

$$D_{eRHA} = D_{e0RHA} \cdot ln\left(\frac{1}{\alpha_{RHA}}\right) \tag{2.35}$$

式中，$m_{CH}(t)$ 为 RHA-水泥胶凝体系中水泥水化产生的氢氧化钙质量；$v_{RHA}$ 是化学计量学的比例，以质量为单位；$r_{RHA0}$ 是 RHA 粒子的半径；$k_{dRHA}$ 是休眠期的反应速率系数；$D_{e0RHA}$ 是初始扩散系数；$k_{rRHA}$ 是反应速率系数。

当 RHA 掺入水泥胶凝体系中，水化过程随之发生变化。一方面，RHA 中的非晶态相会发生火山灰反应，并对水泥水化的影响。另一方面，RHA 掺入胶凝体系后，随着掺量的增大，对水泥水化的过程产生稀释效应。在本书的模型中，可以根据水泥水化程度和稻壳灰反应程度来计算 RHA-水泥胶凝体系的氢氧化钙，毛细学结合水含量随时间的变化规律。

### 2.4.2 RHA-水泥胶凝体系的水化动力学算例

为了验证本书的 RHA-水泥胶凝体系的水化动力学模型，采用了文献 [75] 中的数据，其各相矿物组分的含量及模型参数如表 2.4 所示。

将表 2.4 中的数据代入 RHA-水泥胶凝体系的水化动力学方程，可以得到 RHA-水泥胶凝体系水化模型的反应系数，如表 2.5 所示。

表 2.4 水泥和稻壳灰的各相矿物组成百分含量(%)[75]

| Oxide (%) | CaO | SiO$_2$ | Al$_2$O$_3$ | Fe$_2$O$_3$ | SO$_3$ | Na$_2$O | K$_2$O | Loss onignition | Blaine (cm$^2$/g) | Density (g/cm$^3$) | Mean Partice size (μm) |
|---|---|---|---|---|---|---|---|---|---|---|---|
| Cement | 64.00 | 20.00 | 5.00 | 3.00 | 2.40 | 0.3 | / | 1.30 | 4500 | 3.15 | 13.7 |
| RHA | 1.14 | 87.96 | 0.30 | 0.52 | 0.47 | / | 3.29 | 3.81 | / | 2.12 | 7.3 |

表 2.5 RHA-水泥胶凝体系的水化模型反应系数

| $B$ (cm/h) | $C$ (cm/h) | $k_r$ (cm/h) | $D_{e0}$ (cm$^2$/h) | $B_{RHA}$ (cm/h) | $C_{RHA}$ (cm/h) | $k_{rRHA}$ (cm/h) | $D_{e0RHA}$ (cm$^2$/h) |
|---|---|---|---|---|---|---|---|
| $4.31 \times 10^{-7}$ | 0.035 | $8.59 \times 10^{-5}$ | $1.09 \times 10^{-9}$ | $1.00 \times 10^{-8}$ | 0.03 | $1.07 \times 10^{-6}$ | $3.16 \times 10^{-11}$ |

（1）不同水灰比情况下 RHA-水泥胶凝体系的名义水化程度随时间的变化规律

假定温度为 20 ℃,分别取水胶比($w/b$)为 0.3、0.4、0.5,RHA 的平均粒径分别为 10 μm,将表 2.4 和表 2.5 中的数据代入式(2.27),则可以得到 RHA-水泥胶凝体系的氢氧化钙当量,根据式(2.33)~式(2.35),则可以得到 RHA 的水化动力学表达式,分别取 RHA 的掺量为 15% 和 30%,绘制出不同水胶比情况下 RHA-水泥胶凝体系的水化动力学曲线,并与文献 [75] 中的试验结果比较,如图 2.8 所示。

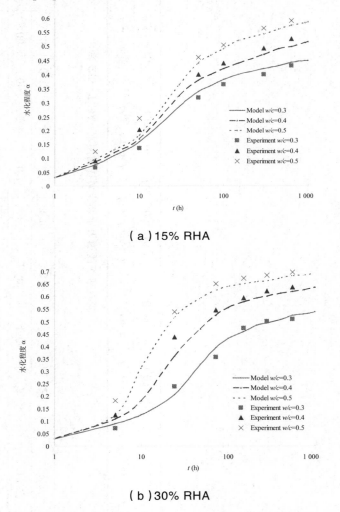

(a)15% RHA

(b)30% RHA

图 2.8　不同水胶比情况下的 RHA-水泥胶凝体系的水化动力学曲线

图 2.8（a）和 2.8（b）分别为 RHA 掺量为 15% 和 30% 时 RHA-水泥胶凝体系的名义水化程度随时间的变化规律。在相同龄期的情况下，体系的名义水化程度会随水胶比的增大而增大。而高 RHA 掺量（30%）情况下，水胶比对 RHA-水泥胶凝体系水化过程的影响比低 RHA 掺量（15%）情况下要小，这是因为，水胶比的增大会增加复合胶凝体系孔隙的收缩和孔隙度，通过增强复合胶凝体系孔隙的连通性，使得水能更容易通过水化产物从而进入到未水化水泥颗粒内部。

（2）不同温度情况下 RHA-水泥胶凝体系的名义水化程度随时间的变化规律

假定水胶比为 0.4，温度分别为 20℃、30℃、40℃，RHA 的平均粒径分别为 10 μm，将表 2.4 和表 2.5 中的数据代入式（2.27），则可以得到 RHA-水泥胶凝体系的氢氧化钙当量，根据式（2.33）~式（2.35），则可以得到 RHA 的水化动力学表达式，分别取 RHA 的掺量为 15% 和 30%，可以得到不同水胶比情况下 RHA-水泥胶凝体系的水化动力学曲线，并与文献 [75] 中的试验结果比较，如图 2.9 所示。

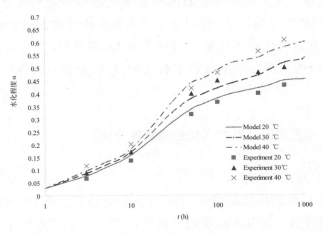

(a) 15% RHA

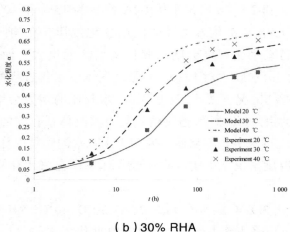

(b) 30% RHA

**图 2.9　不同温度情况下的 RHA- 水泥胶凝体系的水化动力学曲线**

图 2.9（a）和图 2.9（b）分别为 RHA 掺量为 15% 和 30% 时 RHA- 水泥胶凝体系在不同温度下早龄期的名义水化程度随时间的变化规律。结果表明，温度在 RHA- 水泥胶凝体系的水化过程中起着非常重要的作用。在不同的温度情况下，模型预测结果和试验数据的吻合较好，与实际水化动力学过程较为接近。对比低 RHA 掺量组（15%），高 RHA 掺量组（30%）绝大部分时期随着水胶比的改变，水化过程改变得更加显著。

### 2.4.3 RHA- 水泥胶凝体系的水化过程机理分析

（1）RHA 的火山灰反应

在纯水泥浆体的水化过程中，氢氧化钙的量随着水化过程的持续增大，直到达到峰值。而 RHA- 水泥胶凝体系 CH 的量取决于两个因素，即水泥水化所产生 CH 的量和火山灰反应消耗 CH 量。在水化初期，由于 RHA 尚未参与反应，水泥水化生成 CH 为主导过程，随着水化过程的进行，火山灰反应消耗 CH 量逐渐增大，当其消耗的 CH 量大于水泥水化生成 CH 量时，CH 量达到峰值并开始下降。假定水胶比（$w/b$）为 0.4，环境温度分别为 20 ℃和 40 ℃，将表 2.4 和表 2.5 中的数据代入式（2.27），则可以得到 RHA- 水泥胶凝体系的氢氧化钙当量，分别取 RHA

的掺量为10%、20%和30%,可以得到不同RHA掺量情况下RHA-水泥胶凝体系的CH含量的变化规律,并与文献[75]中的试验结果相比,如图2.10所示。

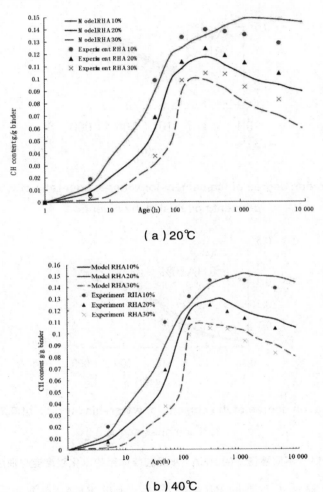

图2.10 不同掺量情况下的RHA-水泥胶凝体系的CH含量变化曲线

如图2.10所示,CH量最初增加,达到最大值,然后减少。模型计算结果与试验结果吻合较好。在相同龄期情况下,氢氧化钙含量随着RHA掺量的增大而降低。

(2)RHA的稀释效应

假定水胶比为0.3,温度分别为20 ℃,分别取RHA的掺量为0、

10%、20%，依据上述模型计算，可以得到不同掺量情况下 RHA-水泥胶凝体系的水化程度随水化程度的变化规律，并与文献 [75] 中的试验结果比较，如图 2.11 所示。

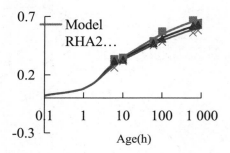

（a）hydration degree of the cement for water–binder ratio of 0.3 with different rice husk ash contents

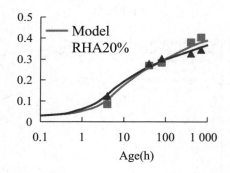

（b）hydration degree of the cement for water–binder ratio of 0.3 with 20%rice husk ash

**图 2.11  不同掺量下的 RHA-水泥胶凝体系的水化程度变化曲线**

图 2.11 显示了对不同 RHA 掺量情况下的 RHA-水泥胶凝体系中水泥水化程度的变化规律。如图 2.11（a）所示，当水胶比为 0.3 时，随着 RHA 掺量的增加，体系中水泥量随之减少，从而使水灰比增大，这种稀释效应导致高掺量情况下 RHA-水泥胶凝体系的水化程度要高于低掺量情况下 RHA-水泥胶凝体系的水化程度。

此外，由于 RHA 具有多孔结构，在水化初期，RHA 颗粒会将一部分游离水吸收到毛细孔中 [10,22]，体系可用于水化反应的水分减少，致使与能与水泥颗粒发生水化反应的水分不足,从而降低了水泥早期的水化速率,特别是在低水胶比的情况下。随着水泥的水化进程的推移,体系中水泥浆体的水分越来越少,相对湿度随之降低,这时RHA颗粒吸收的孔隙水会逐渐释放出来,以促使水泥水化过程的进行。因此,水泥的水化程度在后期有所增大。由于本书提出的模型考虑了混合水的吸收和释放过程,它可以重现UHPC中水泥水化程度的交叉现象,如图2.11(b)所示。此外,在图2.11(a)中,对于水胶比为0.3,掺量为20%的RHA-水泥胶凝体系,模型计算结果略低于早期的试验结果,这是因为该模型忽略了RHA对水泥水化的成核作用。研究表明,RHA能够促进氢氧化钙的成核,从而加速水泥的水化进程[80,81]。

### 2.4.4 混合比例、化学成分和细度对RHA反应性影响的参数研究

(1) 混合比例对RHA反应性的影响

稻壳灰的反应程度与水胶比和RHA的掺量有关。在其他条件相同的情况下,高水胶比会使RHA有较高的反应活性,而且RHA的掺量越大,其反应性也越强。

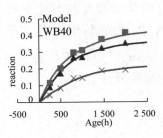

(a) reaction degree of the rice husk ash: water-binder ratios of 0.4, 0.3 and 0.2 with 20% rice husk ash

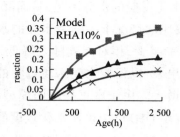

(b) reaction degree of the rice husk ash: water–binder ratio of 0.2 with 10%, 20% and 30% rice husk ashes

图 2.12　不同混合比例情况下的 RHA 反应程度变化曲线

图 2.12 的研究结果表明,水胶比和 RHA 掺量对 RHA 反应性的影响。在该模型中,RHA 掺量为 20% 时,水胶比分别取 0.4、0.3、0.2,如图 2.12(a)所示,随着水胶比的增大,体系具有更多的空间来水化产物。因此,RHA 的反应程度也随之增大。当水胶比为 0.2 时,RHA 掺量分别取 10%、20%、30%,如图 2.12(b)所示,随着 RHA 掺量的增大,水泥的碱性激化作用降低,导致 RHA 的反应程度也随之降低。

(2)化学成分对 RHA 反应性的影响

稻壳灰 $(\alpha_{RHA} \times \gamma_s)$ 的反应程度与其化学成分和非晶态相 RHA $(\gamma_s)$ 的含量有关。在 RHA 中,无定形 $SiO_2$ 是主要反应相,可与 CH 反应生成 C-S-H。Vagelis 和 Wang[24-27] 的研究表明,除非晶态相 RHA $(\gamma_s)$ 外, RHA 中的其他成分为惰性成分。

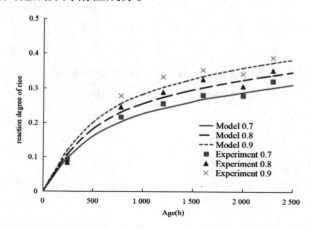

(a) reaction degree of the rice husk ash: glass contents 0.7, 0.8, and 0.9

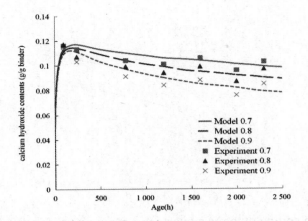

(b) calcium hydroxide contents: glass contents 0.7, 0.8, and 0.9

图 2.13　不同非晶态相情况下的 RHA 反应程度及 CH 含量变化曲线

图 2.13 给出了不同含量非晶态相($\gamma_s$)的 RHA-水泥胶凝体系的模拟结果。在这个模拟中,水胶比为 0.4,RHA 掺量为 0.2,RHA 的非晶态相($\gamma_s$)分别为 0.7、0.8 和 0.9。模拟结果表明,无定型 $SiO_2$ 含量较高的 RHA 有较高的反应活性[图 2.13(a)],消耗了较多 CH[(图 2.13-(b)]。Escalante[28]等人通过试验,研究了不同成分矿渣的反应程度。根据研究结果表明,随着玻璃相含量的逐渐增加,矿渣的反应性也随之逐渐增加。这一结果与本书的研究结果类似。

(3)粒径大小对 RHA 反应性的影响

RHA 的粒径大小会影响它的火山灰反应,并导致体系中的 CH 含量发生变化。在 RHA 化学成分相同的情况下,粒径较小的 RHA 的活性更高。

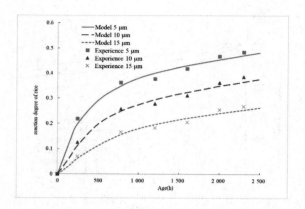

(a) reaction degree of the rice husk ash: mean particle sizes 5μm, 10μm, and 15μm

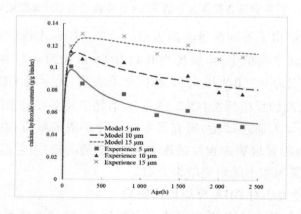

(b) calcium hydroxide contents: mean particle sizes 5μm, 10μm, and 15μm

图 2.14　不同粒径大小下的 RHA 反应程度及 CH 含量变化曲线

图 2.14 给出了不同尺寸的 RHA-水泥胶凝体系的模拟结果。在该模型中，假定水胶比为 0.4，RHA 掺量为 0.2，RHA 颗粒分别为 5 μm、10 μm 和 15 μm。如图 2.14 所示，粒径较小的 RHA 有较高的反应活性，并消耗较多的 CH。另外，可以观察到研磨过程决定了 RHA 的颗粒大小。密集研磨导致了 RHA 颗粒的塌缩及其多孔结构。Antiohos 等人[82]测量碱度、抗压强度，以及混合后的氢氧化钙含量含有不同细度的 RHA 的混凝土。他们发现 RHA 的反应性随着 RHA 细度的增加而增强。

## 2.5 LC3 胶凝体系的水化模型

### 2.5.1 水泥浆体的水化模型

中心粒子水化模型最早由 Tomosawa 提出，其将水泥水化过程视为三阶段：初始反应阶段、相边界反应阶段和扩散反应阶段，通过含多个反应速率系数的方程来描述纯水泥浆体的水化程度随时间变化关系。该模型假定水泥颗粒浸入无限水环境，因此主要适用于水胶比较高的水泥基材料的水化进程模拟。K.B Park、Maruyama、Wang 和本课题组通过考虑掺合料矿物组成、水胶比和环境温度等影响因素，提出了优化后的中心粒子水化模型。纯水泥浆体水化动力学方程可用下式表示：

$$\frac{d\alpha}{dt} = \lambda_1 \lambda_2 f(B,C,D_e,k_r) = \frac{3(S_w/S_0)\rho_w C_{w\text{-free}}}{(v+w_g)r_0 \rho_c} \cdot \frac{1}{\left(\frac{1}{k_d} - \frac{r_0}{D_e}\right) + \frac{r_0}{D_e}(1-\alpha)^{-\frac{1}{3}} + \frac{1}{k_r}(1-\alpha)^{-\frac{2}{3}}}$$

（2.35）

式中，$\frac{d\alpha}{dt}$ 表示水泥的水化反应速率；$B$ 和 $C$ 分别为初期反应阶段的反应系数，$B$ 控制初始壳形成的速率，$C$ 控制初始壳消失的速率；$k_r$ 和 $D_e$ 分别表示相边界反应系数和有效扩散系数。参数 $B$、$C$、$D_e$、$k_r$ 可通过水泥的各相矿物组分含量计算得到，且遵循 Arrhenius 定律。$\lambda_1$ 表示水泥微观结构变化消耗的毛细水含量，$\lambda_2$ 表示水化过程中内部消耗的毛细水总量（$\lambda_2 = W_{cap}/W_0$，其中 $W_{cap}$ 表示毛细水的质量，$W_0$ 表示水泥胶凝体系中水的初始质量）。

### 2.5.2 煅烧黏土的水化模型

煅烧黏土是通过煅烧天然黏土原料而得到的一种具有火山灰活性的建筑材料，我国的黏土矿产资源丰富，储量足以确保其用于大规模工业用途。煅烧黏土的主要化学成分是 $SiO_2$ 和 $Al_2O_3$,其水化进程取决于反应环境中氢氧化钙的含量。此外,煅烧黏土中的氧化铝与石灰石反应可形成补充相,二者的协同作用有助于提高 $LC^3$ 混凝土的力学性能。Go S S 和 Danner T 通过实验评估了煅烧黏土-水泥体系的物理特性、水化和微观结构发展过程,结果显示复合胶凝体系的水化过程类似于纯水泥浆体。

通过考虑煅烧黏土的火山灰反应、化学效应、水化过程中毛细水的消耗和扩散等因素,建立了基于中心粒子水化模型的 $LC^3$ 胶凝体系中煅烧黏土的水化反应模型,其水化动力学方程如下式表示:

$$\frac{d\alpha_{HT}}{dt} = \frac{m_{CH}(t)}{m_{HT0}} f(B_{HT}, C_{HT}, D_{eHT}, k_{rHT})$$

$$= \frac{m_{CH}(t)}{m_{HT0}} \frac{3\rho_w}{v_{HT} r_{HT0} \rho_{HT}} \frac{1}{(\frac{1}{k_{dHT}} - \frac{r_{HT0}}{D_{eHT}}) + \frac{r_{HT0}}{D_{eHT}}(1-\alpha_{HT})^{-\frac{1}{3}} + \frac{1}{k_{rHT}}(1-\alpha_{HT})^{-\frac{2}{3}}}$$

(2.36)

$$k_{dHT} = \frac{B_{HT}}{\alpha_{HT}^{1.5}} + C_{HT}\alpha_{HT}^3 \quad (2.37)$$

$$D_{eHT} = D_{eHT0} \ln(\frac{1}{\alpha_{HT}}) \quad (2.38)$$

式中,$\alpha_{HT}$ 表示煅烧黏土在胶凝体系中的反应程度;$m_{CH}(t)$ 表示胶凝体系中氢氧化钙的质量;$m_{HT0}$ 为反应过程中煅烧黏土的质量;$\rho_{HT}$ 和 $\rho_w$ 分别表示煅烧黏土和水的密度;$v_{HT}$ 表示氢氧化钙与煅烧黏土质量的化学计量比;$r_{HT0}$ 为煅烧黏土颗粒的平均半径;$B_{HT}$ 和 $C_{HT}$ 表示胶凝体系初始反应阶段的反应系数;$D_{eHT}$ 和 $k_{rHT}$ 分别表示胶凝体系相边界反应阶段的反应速率系数和扩散反应阶段的有效扩散系数。

### 2.5.3 石灰石、煅烧黏土和水泥之间的相互作用关系

通过考虑 $LC^3$ 胶凝体系水化反应过程中毛细水和氢氧化钙的含量来探讨水泥、煅烧黏土和石灰石反应之间的相互作用关系。$LC^3$ 胶凝体系水化反应过程中毛细水含量和氢氧化钙含量可由式(2.36)和式(2.37)确定:

$$W_{cap} = W_0 - 0.4C_0\alpha - 0.45\alpha_{HT}m_{HT0} - 1.62LS_0\alpha_{LS} \quad (2.39)$$

其中,$0.4C_0\alpha$、$0.45\alpha_{HT}m_{HT0}$ 和 $1.62LS_0\alpha_{LS}$ 分别表示水泥、煅烧黏土和石灰石在水化过程中消耗的毛细水的质量。

$$CH(t) = CH_{CE}C_0\alpha - v_{HT}\alpha_{HT}m_{HT0} - 0.35LS_0\alpha_{LS} \quad (2.40)$$

其中,$CH_{CE}$ 表示 1 g 水泥水化产生的氢氧化钙的质量,$v_{HT}$ 表示 1g 煅烧黏土反应消耗的氢氧化钙的质量($v_{HT}$=0.79 g/g)[83]。$CH_{CE}C_0\alpha$ 表示硅酸盐水泥在三元胶凝体系中水化产生的氢氧化钙的总质量,$v_{HT}\alpha_{HT}m_{HT0}$ 和 $0.35LS_0\alpha_{LS}$ 分别表示煅烧黏土和石灰石在三元胶凝体系中反应消耗的氢氧化钙的总质量。

### 2.5.4 LC³ 胶凝体系的水化热、结合水和强度模型

LC³ 复合胶凝体系水化反应释放的总热量等于石灰石、煅烧黏土和水泥产生的水化热反应总和,如下所示:

$$Q = C_0H_C\alpha + m_{HT0}H_{HT}\alpha_{HT} + LS_0H_{LS}\alpha_{LS} \quad (2.41)$$

其中,$H_C$、$H_{HT}$ 和 $H_{LS}$ 分别是水泥、煅烧黏土和石灰石的比热,$H_C$ 可以根据水泥矿物成分计算,煅烧黏土的比热设定为 330 J/g,$H_{LS}$ 的值由石灰石化学反应的焓变确定,设定为 110 J/g[84]。$C_0H_C\alpha$、$m_{HT0}H_{HT}\alpha_{HT}$ 和 $LS_0H_{LS}\alpha_{LS}$ 分别表示在 LC³ 胶凝体系中水泥、煅烧黏土和石灰石反应释放的总热量。

与水化热计算过程类似,结合水总量等于水泥、煅烧黏土和石灰石水化反应产生的结合水的总和。计算公式如下:

$$W_{cbw} = CW_{CE}C_0\alpha + 0.21m_{HT0}\alpha_{HT} + 1.62LS_0\alpha_{LS} \quad (2.42)$$

其中,$CW_{CE}$ 是 1g 水泥水化时产生的结合水含量;$CW_{CE}C_0\alpha$、$0.21\alpha_{HT}m_{HT0}$ 和 $1.62LS_0\alpha_{LS}$ 分别为掺合料水化反应所产生的化学结合水的总含量。

对于纯水泥浆体而言,其强度发展趋势与水化程度呈线性关系[85]。基于此,通过考虑硬化强度与掺合料水化反应程度之间的关系,建立了 LC³ 复合胶凝体系的强度线性函数,如下式所示:

$$f_c(t) = A_1\frac{C\alpha}{W_0} + A_2\frac{m_{HT0}\alpha_{HT}}{W_0} + A_3\frac{LS_0\alpha_{LS}}{W_0} - A_4 \quad (2.43)$$

其中，$f_c$ 为混凝土强度；$A_1 \sim A_4$ 为强度系数，系数 $A_1$、$A_2$ 和 $A_3$ 分别表示了水泥、煅烧黏土和石灰石对混凝土强度发展的影响程度，$A_4$ 为常数。LC$^3$ 胶凝体系的混凝土强度发展表达式以终凝时间为开始节点（$t=0$），而不是以初凝时间为开始节点。其次，掺合料的反应程度取决于混凝土的固化时间，因此 LC$^3$ 胶凝体系的强度发展变化趋势实际上是关于固化时间的线性函数。

### 2.5.5 案例分析

（1）模型参数

为了验证关于石灰石-煅烧黏土-水泥体系的水化动力学模型的可行性，引用了文献 [86] 中的试验结果对比分析，石灰石、煅烧黏土和水泥的各相矿物组分含量、掺量取值以及水化模型反应参数如表 2.6 ~ 表 2.8 所示。根据计算表明，石灰石、煅烧黏土和水泥的平均粒径分别为 14.5 μm、2.8 μm 和 13.7 μm。

表 2.6 水泥、石灰石和煅烧黏土的各相矿物组成含量

| 氧化物 /% | 氧化钙 | 二氧化硅 | 氧化铝 | 三氧化二铁 | 氧化镁 | 三氧化硫 | 氧化钠 | 氧化钾 | 二氧化钛 | 烧失量 |
|---|---|---|---|---|---|---|---|---|---|---|
| 水泥 | 63.15 | 22.47 | 4.48 | 3.51 | 2.04 | 2.07 | 0.24 | 0.27 | 0.21 | 1.56 |
| 石灰石 | 59.51 | 3.36 | 0.2 | 3.29 | 3.47 | / | / | / | / | 30.14 |
| 煅烧黏土 | 0.89 | 62.65 | 27.27 | 4.45 | 0.55 | 0.05 | 0.26 | 0.13 | 1.84 | 1.91 |

表 2.7 水泥、石灰石和煅烧黏土的掺量

| 试样 | 对照组 | LS25 | HT35 | A25 | A35 | A45 |
|---|---|---|---|---|---|---|
| 水泥 | 100 | 75 | 65 | 75 | 65 | 55 |
| 石灰石 | / | 25 | / | 10 | 15 | 20 |
| 煅烧黏土 | / | / | 35 | 15 | 20 | 25 |

表 2.8 LC³ 胶凝体系的水化模型反应参数

| $B$ / (cm/h) | $C$ / (cm/h) | $k_r$ / (cm/h) | $D_{e0}$ / (cm/h) | $B_{HT}$ / (cm/h) | $C_{HT}$ / (cm/h) | $k_{rHT}$ / (cm/h) | $D_{eHT0}$ / (cm/h) |
|---|---|---|---|---|---|---|---|
| $4.04 \times 10^{-10}$ | 0.019 | $1.03 \times 10^{-6}$ | $6.98 \times 10^{-10}$ | $2.83 \times 10^{-10}$ | 0.0073 | $5.17 \times 10^{-7}$ | $8.04 \times 10^{-12}$ |

## （2）LC³ 胶凝体系的反应程度

假定环境温度为 20 ℃，水灰比设为 0.5。已知水泥、煅烧黏土和石灰石的颗粒半径、密度以及矿物组成含量，且水灰比满足掺合料颗粒与自由水接触的有效面积不受约束。将表 2.8 中水泥和煅烧黏土的水化反应系数代入式（2.35）~式（2.38），可得到 LC³ 胶凝体系中水泥和煅烧黏土的水化动力学表达式，通过二者的反应程度可得到石灰石的反应动力学表达式。按照表 2.7 中的掺量取值，绘制出不同掺量情况下的水泥、石灰石和煅烧黏土的反应水化动力学曲线，如图 2.15 所示。

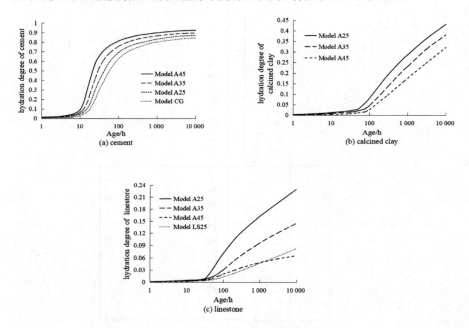

**图 2.15　LC³ 胶凝体系中各掺合料的反应程度**

图 2.15 给出了 LC³ 胶凝体系中水泥、石灰石和煅烧黏土各自的反应程度。如图 2.15（a）所示，A25、A35 和 A45 的反应程度随着掺量的增加随之增强，这是由于掺合料混合物的稀释作用和成核作用。如图 2.15（b）所示，随着掺量率的增加，煅烧黏土的反应程度降低，这是因为煅烧黏土的反应程度远低于水泥，并且掺量的增加会抑制 CH 的活化功能。如图 2.15（c）所示，A20 和 LS20 的掺量率相同，而 A20 的反应程度比 LS20 高得多，这是因为煅烧黏土的铝含量高于水泥，而且石灰石的反应程度低于煅烧黏土。

（3）$LC^3$胶凝体系中的氢氧化钙含量

为了便于与文献[86]比较，将石灰石、煅烧黏土和水泥的水化动力学方程和表2.6～表2.8中的数据代入式(2.40)，并按照表2.7中的掺合料掺量取值，绘制出不同掺量情况下的$LC^3$胶凝体系的CH含量的变化规律，模型分析结果与试验结果的比较如图2.16所示。

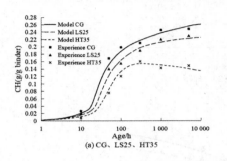
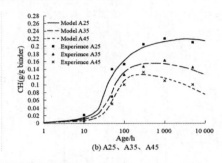

图2.16 不同试样中的氢氧化钙含量

如图2.16（a）所示，$LC^3$胶凝体系内的CH含量在早期迅速增加，而后期增加放缓，这是因为水泥水化的后期阶段主要是扩散反应。LS20的水泥含量低于CG，但二者在3d早龄期时的CH含量相似，这是因为石灰石粉的成核作用可以加速水泥的水化程度。如图2.16（b）所示，由于水泥和煅烧黏土反应会消耗CH（火山灰反应），因此A15～A45的CH含量远低于纯水泥浆体，并随着掺量率的增加，CH含量也逐步降低。

（4）$LC^3$胶凝体系中的累计水化热

$LC^3$胶凝体系中的累计水化热可以通过石灰石、煅烧黏土和水泥的各自反应程度来计算。将石灰石、煅烧黏土和水泥的比热容（HC、HHT、HLS）和水化动力学方程代入式(2.41)，并按照表2.7中的掺合料掺量取值，绘制出不同掺量情况下的$LC^3$胶凝体系水化累积热的变化规律，并与文献[86]中的试验结果比较，如图2.17所示。

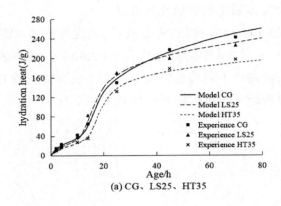

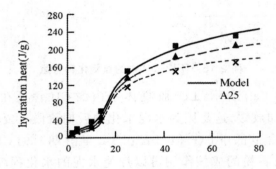

图 2.17　不同试样的累计水化热

如图 2.17（a）所示，在 0～5 h 初始反应阶段，水化热缓慢升高。在初始反应期之后，相边界反应过程开始主导水化反应，水化热迅速增加。在 3 d 龄期，由于石灰石的稀释效应，LS25 水化热降低。由于煅烧黏土的反应活性低于普通硅酸盐水泥，HT35 水化热明显降低。其次，如图 2.17（b）所示，随着掺量的增加，A25、A35 和 A45 水化热逐步降低。

（5）$LC^3$ 胶凝体系中的累计水化热

类似于累计水化热的计算过程，$LC^3$ 胶凝体系中的结合水总量等于掺合料水化反应产生的结合水的总和。已知石灰石、煅烧黏土和水泥水化反应产生的结合水含量，将其反应动力学方程代入式（2.42），按照表 2.7 的掺量取值，绘制出不同掺量情况下的 $LC^3$ 胶凝体系结合水总量的变化规律，并与文献 [86] 中的试验结果比较，如图 2.18 所示。

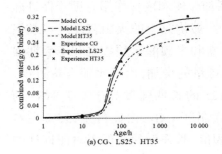
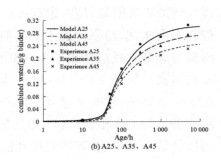

图 2.18 不同试样中结合水的含量

如图 2.18（a）所示，在 LC³ 混凝土养护后期，由于石灰石的稀释效应，LS25 的结合水含量低于 OPC。由于煅烧黏土的反应活性远低于水泥，因此 HT35 反应速度明显慢于 OPC。如图 2.18（b）所示，在水化反应过程中，由于矿物掺合料的稀释效应和反应程度的降低，随着掺量的增加，A25～A45 结合水含量显著减少。

（6）LC³ 胶凝体系的强度发展

LC³ 胶凝体系的强度发展是关于掺合料反应程度的线性函数，因为已经考虑了掺合料之间的相互作用关系，所以掺量对强度系数 A1～A4 的影响忽略不计。根据纯水泥浆体的强度发展趋势和文献[86]的抗压强度试验结果计算得到强度回归系数，将掺合料的反应动力学方程代入式（2.43），按照表 2.7 的掺量取值，绘制出不同掺量情况下的 LC³ 胶凝体系的强度发展规律，并与试验结果比较，如图 2.19 所示。

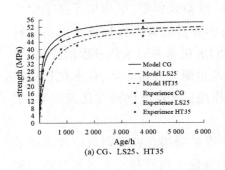
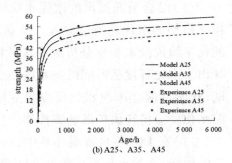

图 2.19 不同试样的强度发展

如图 2.19（a）所示，CG 强度在早期迅速增加，而在后期，抗压强度的增加不明显，强度发展曲线达到平稳状态。A25 比 CG 和 LS25 的强度增加更为明显,是因为石灰石的稀释作用和成核作用有助于促进硅酸盐水泥水化,增强混凝土的早期强度,煅烧黏土的火山灰反应以及铝酸盐与碳酸钙反应生成的单碳酸铝酸盐和半碳酸铝酸盐有利于后期强度的提高。如图2.19(b)所示,随着掺量的增加,由于水泥含量过少,A25~A35样本强度降低。此外,A25的长期强度高于CG,A35的后期强度与CG相似,A45的后期强度低于CG。由此可见,35%左右的掺量是一个阈值,若掺量率超过该阈值,其强度就会低于对照试样的强度。

## 2.6 本章结论

(1)在F.Tomosawa的研究基础上,考虑了水灰比对水化进程的影响,提出了基于中心粒子的三维微观水化模型,并由上述模型导出了水化程度$\alpha$与水化半径$R$之间的关系表达式。对于给定水泥的密度、各相矿物成分含量时,可以计算在不同水灰比情况下水化程度$\alpha$与水化半径$R$的关系。通过关系表达式计算的数据与试验数据进行比较,研究表明该模型可以从微观角度模拟水泥水化过程的各组分变化情况。

(2)结合前面提出的水泥水化的三维微观模型,推导出了基于中心粒子模型的水化动力学方程。该动力学方程能够直接根据水泥基材料的化学组成及水灰比分析水泥基材料的水化速率随水化进程的变化,并导出了水化程度随时间的关系曲线。经过研究分析表明,在水化反应初期,化学反应速率对水化反应起主导作用;随着水化程度逐渐提高,水泥水化反应将转由扩散速率控制。

(3)在LC³复合胶凝体系中,由于受矿物掺合料稀释效应和成核效应的影响,水泥水化反应程度会随着煅烧黏土和石灰石掺量的增加而加强,而煅烧黏土和石灰石自身的反应程度会随之降低。LC³胶凝体系的CH含量、结合水总量和累计水化热的变化规律与纯水泥浆体相似。在火山灰反应的影响之下,A25~A45的CH含量随着掺量率的增加而降低,结合水总量和累计水化热也降低。

# 第 3 章

# 水泥基材料早期弹性力学性能预测

## 3.1 概　述

　　水泥基材料早龄期的宏观物理力学性能取决于其微细观结构的成分及结构特征,从微细观角度探讨它们之间的定量关系是近年来国内外的研究热点之一,也是水泥基材料性能优化设计的基础。关于水泥基材料的重要参数也开始得到重视,并开展大量研究。Powers[87]首先开展了对水泥浆体细观结构和强度关系的探索,初步建立了微观结构和宏观力学性能之间的联系,并且根据孔胶比提出了水泥浆体的强度公式。但是,理论模型和数值计算的研究仍十分有限。Lokhorst[88]提出了层合模型,根据模型对细观结构和宏观力学性能进行了关系的构建。另一方面,该模型也存在拟合结果不符等系列缺陷。C.J.Haecker[89]等应用有限元模型研究水泥浆体的弹性模量,该方法考虑了水泥的化学组成、水灰比、龄期、水泥颗粒的粒径分布等,方法科学合理,但是其模型非常复杂,实际应用较烦琐。Olivier Bernard 等[90]提出了一种硬化水泥浆体的细观力学模型分析其弹性力学性质,然而他们在模型中未考虑未水化水泥颗粒的影响,这对于预测低水灰比情况下的弹性力学性质的误差较大。Siders[91]等利用水泥水化方程计算了水泥水化各阶段水泥的压缩强度、弹性模量及泊松比,建立起了它们之间的关系,同时利用两点成比例的原理估测了混凝土的弹性模量和泊松比。在国内,李春江和杨庆生[92]提出了一种水泥浆体水化演化的细观力学模型,该模型操作简便但各个参数较难获取。

本章根据水泥水化过程中的组分变化,根据复合材料细观力学理论分别建立了水泥浆体、水泥砂浆和混凝土的细观力学模型,并分析了不同水灰比、骨料体积分数情况下水泥基材料的早龄期的弹性力学性能演化关系。提出一种基于水泥基材料细观力学的多尺度概率模型,量化不确定输入参数对水泥基材料细观力学模型响应的影响,包括在水胶比不同时,龄期不同的水泥浆体、水泥砂浆和混凝土的弹性模量。在基于方差的敏感性分析中,计算总效应敏感性指数,找出影响模型响应的关键参数,进一步对模型的正确和准确性进行验证。

## 3.2 复合材料细观力学基础

近些年来,由于大量新型材料和人工合成的复合材料的广泛应用,细观力学得到较快的发展,并且成为近十年来固体力学研究的热点问题之一。复合材料细观力学方面,以建立材料与组成成分的相关性能之间的定量关系作为核心任务,为了实现该过程,首先应确定各参数值,其次,建立代表单元在均匀宏观边界荷载作用下的细观应力或应变在各个代表单元内的平均与宏观荷载的关系,即建立局部化关系。最后,用对等意义的均质材料代替非均质材料单元。Voigt 和 Reuss 根据等效应力和应变的方法给出了 Voigt-Reuss 上下限[93];Hill[94]证明了根据最小势能原理及最小余能原理同样能够得到一致的上下界限。Hashin 和 Shtrikman[95]采用变分法研究了应变能的极值条件,给出了多相复合材

# 第 3 章
## 水泥基材料早期弹性力学性能预测

料的上下限解。Voigt-Reuss 的上下限比 Hashin-Shtrikman 的上下限更宽。以下回顾一些比较经典的预测复合材料有效性质的近似解析方法，总结复合材料界面效应的细观研究成果。

在本章中，引入如下假设条件[96]：

（1）基体和夹杂都是线弹性材料且为各向同性。

（2）夹杂存在固定的形状与尺寸，且沿中轴对称。

（3）基体和夹杂之间黏结紧密，不存在开裂和相对位移的情况。

### 3.2.1 各向同性材料的本构模型[97]

设坐标系 $O-x_1x_2x_3$ 是材料的主轴坐标系，则各相同性材料的本构关系可用下式表示：

$$\boldsymbol{\sigma} = \boldsymbol{C} : \boldsymbol{\varepsilon} \tag{3.1}$$

式中，$\boldsymbol{C}$ 为复合材料的刚性刚度张量，其中 $C_{ijkl}$ 为特征各向异性体弹性特征系数，称为刚度系数。若对弹性刚度张量取逆，可以得到用应力表示应变的广义胡克定律：

$$\boldsymbol{\varepsilon} = \boldsymbol{C}^{-1} : \boldsymbol{\sigma} = \boldsymbol{D} : \boldsymbol{\sigma} \tag{3.2}$$

式中，$\boldsymbol{D}$ 为弹性刚度张量 $\boldsymbol{C}$ 的逆，其中 $D_{ijkl}$ 为特征各向异性体弹性特征系数，称为弹性柔度张量。对于非均质各向异形体来说，它们则是坐标的某种函数，称为弹性特征函数。

当弹性介质为各向同性时，则有如下关系：

$$\boldsymbol{C} = (3K - 2G)\frac{1}{3}\boldsymbol{\delta} \otimes \boldsymbol{\delta} + 2G\boldsymbol{I} \tag{3.3a}$$

$$\boldsymbol{D} = \left(\frac{1}{3K} - \frac{1}{2G}\right)\frac{1}{3}\boldsymbol{\delta} \otimes \boldsymbol{\delta} + \frac{1}{2G}\boldsymbol{I} \tag{3.3b}$$

式中，$\boldsymbol{\delta}$ 为二阶单位张量，其分量 $\delta_{ij}$ 的表达式为

$$\delta_{ij} = \begin{cases} 1, i = j \\ 0, i \neq j \end{cases} \tag{3.4}$$

$\boldsymbol{I}$ 为四阶单位张量，其分量 $I_{ijkl}$ 的表达式为

$$I_{ijkl} = \frac{1}{2}(\delta_{ik}\delta_{kl} + \delta_{ij}\delta_{kl}) \tag{3.5}$$

这里只对弹性刚度张量进行讨论，其分量 $C_{ijkl}$ 的表达式为

$$C_{ijkl} = (3K - 2G)\frac{1}{2}\delta_{ik}\delta_{kl} + 2GI_{ijkl} \qquad (3.6)$$

在匀质弹性体内，各向异性体一般是指当每过一点沿不同方向具有不同的弹性特征的弹性体，存在的弹性系数有 12 个且相互独立。反之，各向同性体指的是过每一点沿不同方向具有相同的弹性特征的弹性体，其独立的弹性系数只有 2 个。

### 3.2.2 Eshelby 等效夹杂原理

在复合材料的性能研究中，Eshelby 提出了等效夹杂原理，也首次解决了匀质夹杂的应变等效问题，假设固体材料的弹性常数张量为 $C^m$，且体积无限大，处于无应力状态。

（a）无应力　（b）特征应变 $\varepsilon^*$　（c）在基体和夹杂内产生应变场 $\varepsilon^c(x)$

图 3.1　Eshelby 夹杂等效问题

如图 3.1 所示，在材料内存在一很小的区域，为夹杂 $\Omega$，其他部分为基体 M。假设该区域因为特殊原因存在变化。若该夹杂为一单独的集体分离部分，在没有界面相互作用的条件下，将产生一个应变 $\varepsilon^*$，成为特征应变。该应变可以通过相变或夹杂和基体的热膨胀系数不同而得到。但实际上夹杂和基体是紧密的黏结在一起的，夹杂和基体之间存在着某种作用。因此，在夹杂的应力应变发生变化时，整个个体就产生一个复杂的应变场 $\varepsilon^c(x)$，该应力场与夹杂和基体的形状有关。在基体内的应力场 $\sigma^m(x)$ 可以表示为：

$$\sigma^m(x) = C^m : \varepsilon^c(x) \qquad (3.7)$$

在夹杂 $\Omega$ 内，由于特征变应不是由应力产生的，所以夹杂内的应力

$$\sigma^I = C^m : (\varepsilon^c - \varepsilon^*) \qquad (3.8)$$

根据文献 [98]，当无限大均匀介质为线弹性，夹杂 $\Omega$ 的形状为椭球

时，只要特征应变 $\varepsilon^*$ 是一个常张量（即在区域 $\Omega$ 内不随位置而变化），则在一个椭球的夹杂内应变场 $\varepsilon^c$ 是均匀的，并可以用特征应变 $\varepsilon^*$ 表示，即

$$\varepsilon^c = S : \varepsilon^* \tag{3.9}$$

如图 3.2 所示，假设存在两个相同形状，并且一个有应变的同质夹杂与一个有弹性常数的异形夹杂在两个无限大的基体中，但没有特征应变，两个体均处于均匀的应变 $\varepsilon^A$ 作用下。

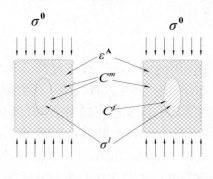

(a) 同质夹杂　　　(b) 异质夹杂

图 3.2　Eshelby 等效夹杂问题

对于图 3.2（a）中的同质夹杂，其应力可表示为：

$$\sigma^I = C^m : \left( \varepsilon^A + \varepsilon^d - \varepsilon^* \right) \tag{3.10}$$

式中，$\varepsilon^d$ 为夹杂间的扰动应变。

对于图 3.2（b）中的异质夹杂，由于没有特征应变 $\varepsilon^*$，其应力可表示为：

$$\sigma^I = C^f : \left( \varepsilon^A + \varepsilon^d \right) \tag{3.11}$$

由以上两组夹杂内的应变表达式，根据式（3.9）~式（3.11），可以得到 Eshelby 等效夹杂原理的表达式为：

$$\left[ C^m + \left( C^f - C^m \right) : S \right] : \varepsilon^c = \left( C^f - C^m \right) : \varepsilon^m \tag{3.12}$$

### 3.2.3　稀疏方法

稀疏方法是指处于无限大基体的材料，当建立局部化关系时，夹杂和夹杂之间的相互影响被忽略。进而通过建立每个夹杂内应力应变与外载的关系，然后再利用均质化关系，复合材料的有效模量的预测表达

式为：

$$\overline{C} = C_0 + \sum_{r=1}^{N-1} f_r \left[ (C_r - C_0)^{-1} + P_r \right]^{-1} \quad (3.13)$$

式中，$\overline{C}$ 为宏观有效弹性张量，$C_0$ 为基体的弹性张量，$C_r$ 为第 $r$ 类夹杂的弹性张量，$f_r$ 为第 $r$ 类夹杂所占的体积分数，$p_r$ 为第 $r$ 类夹杂的集中系数张量。

### 3.2.4 自洽法

自洽理论最初是由 Bruggeman[99] 在研究热传导问题时引入的，当时称为有效介质法。Hershey[100] 等人将其用于研究多晶体的弹性性质。Budiansky[101] 和 Hill[102] 进一步发展了这种方法，用来研究复合材料的有效弹性模量问题。如图 3.3 所示，其基本思想是：在计算夹杂内部的弹性场时，为了考虑夹杂间的相互作用，认为夹杂单独处于等效介质中，而该等效介质的弹性常数恰好就是含夹杂非均匀材料的有效弹性常数。

设复合材料中第 $\alpha$ 个夹杂与基体的弹性常数张量分别为 $C^\alpha$ 和 $C$，复合材料的等效弹性常数张量为 $\overline{C}$。在自洽模型中，在远场均匀应力 $\sigma_0$ 的作用下，夹杂内的平均应力为：

$$\overline{\sigma}^\alpha = C^\alpha : \overline{A}^\alpha : \left( \overline{A}^\alpha - \overline{S}^\alpha \right)^{-1} : \overline{D} : \sigma^0 \quad (3.14)$$

其中，$\overline{A}^\alpha = \left( \overline{C} - C^\alpha \right)^{-1} : \overline{C}$。

在自洽模型下，在远场均匀应力 $\sigma_0$ 的作用下，满足下式：

$$\left( D - \overline{D} \right) : \sigma^0 = \sum_{\alpha=1}^{n} f_\alpha \left( D - D^\alpha \right) : \overline{\sigma}^\alpha \quad (3.15)$$

将式（3.14）代入式（3.15）得：

$$\left( D - \overline{D} \right) : \sigma^0 = \left[ \sum_{\alpha=1}^{n} f_\alpha \left( D - D^\alpha \right) : C^\alpha : \overline{A}^\alpha : \left( \overline{A}^\alpha - \overline{S}^\alpha \right)^{-1} : \overline{D} \right] : \sigma^0 \quad (3.16)$$

由于 $\sigma_0$ 是任意的，由上式进一步得到复合材料的有效弹性张量：

$$\overline{D} = D + \sum_{\alpha=1}^{n} f_\alpha \left( D - D^\alpha \right) : C^\alpha : \overline{A}^\alpha : \left( \overline{A}^\alpha - \overline{S}^\alpha \right)^{-1} : \overline{D} \quad (3.17)$$

由于自洽模型过高地估计了单夹杂与周围有效介质的作用,因而当夹杂体积分数较高时,自洽模型预报的有效弹性模量偏差较大[103]。当用于多相(夹杂)复合材料时,不能总是适用于整个体积分数的范围,尤其当两相的性能有较大差异时,甚至会出现不合理的结果[104]。

### 3.2.5 广义自洽法

为了克服自洽模型没有夹杂局部应力场与有效应力场之间的加权平均关系的弱点,1966 年 Kerner[105] 提出了广义自洽模型,如图 3.4 所示。

图 3.3  自洽模型                   图 3.4  广义自洽模型

广义自洽模型从概念上比自洽模型更合理,当然,这种模型也带来了求解难度的提高。如图 3.4 所示,当等效介质无限大,且在无穷远界面上,受到均匀的边界条件的作用,那么在等效介质中,将存在均匀的应力 $\sigma^0$、均匀的应变 $\varepsilon^0$ 以及稳定的等效弹性刚度 $\overline{C}$:

$$\sigma^0 = \overline{C} : \varepsilon^0 \tag{3.18a}$$

$$\varepsilon^0 = \overline{D} : \sigma^0 \tag{3.18b}$$

其中,算子 $\langle \cdot \rangle$ 表示体积的平均值。多相的平均应力场可用下式表示:

$$\overline{\sigma}_{ij} = \frac{1}{V} \iiint_V \overline{\sigma}_{ij} \mathrm{d}V = \sum_{r=0}^{n} f_r \sigma_{ij}^{(r)} \tag{3.19a}$$

$$\overline{\varepsilon}_{ij} = \frac{1}{V} \iiint_V \overline{\varepsilon}_{ij} \mathrm{d}V = \sum_{r=0}^{n} f_r \varepsilon_{ij}^{(r)} \tag{3.19b}$$

式中,$f_r$ 为各相的体积分数,$\sigma_{ij}^{(r)}$、$\varepsilon_{ij}^{(r)}$ 为相应第 $r$ 相组分的应力分量和应变分量的平均值。夹杂内的 $\sigma^{(r)}$、$\varepsilon^{(r)}$ 可由均匀介质中的应力

和应变来表示：

$$\sigma^{(r)} = B^r : \sigma \quad (3.20a)$$

$$\varepsilon^{(r)} = A^r : \varepsilon \quad (3.20b)$$

式中，$A^r$、$B^r$ 分别为应变集中因子和应力集中因子。将式（3.18a）和（3.20b）分别代入式（3.19a）中，得到复合材料的等效弹性张量为：

$$\overline{C} = C - \sum_{r=1}^{n} f_r (C_r - C) : A^r \quad (3.21b)$$

$$\overline{D} = D - \sum_{r=1}^{n} f_r (D_r - D) : B^r \quad (3.21b)$$

其中，$C$、$D$ 表示基体的弹性刚度张量和弹性柔度张量；$C^r$、$D^r$ 表示第 $r$ 相夹杂的弹性刚度张量和弹性柔度张量。各相夹杂的应变集中因子为：

$$A^r = \frac{\varepsilon^{(r)}}{\varepsilon} = \left[ I + S^r : \overline{C}^{-1} : (C^r - \overline{C}) \right]^{-1} \quad (3.22)$$

式中，$S^r$ 是以椭球形状夹杂推导出来的 Eshelby 张量。

### 3.2.6 Mori–Tanaka（MT）法

Mori 和 Tanaka 提出了 MT[106]法，并由 Benveniste[107]、Taya 和 Chou[108]、Weng[109] 等加以完善。该方法使用方式不复杂，在研究各种非均质复合材料性能时被广泛应用。

假定给定的复合材料在其边界上受到远场均匀的应力 $\sigma^0$ 的作用，另外有一形状且弹性性质都和给定材料相同的匀质材料。由于夹杂相的存在，实际复合材料的平均应变不同于均匀的应变场 $\varepsilon^0$，将由夹杂相间的相互作用产生一个扰动应变 $\tilde{\varepsilon}$，这样，复合材料基体的平均应力为

$$\sigma^{(0)} = \sigma^0 + \tilde{\sigma} = C_0 : (\varepsilon^0 + \tilde{\varepsilon}) \quad (3.23)$$

式中，$C_0$ 为基体相的弹性张量。

显然，基体中应力的扰动部分为

$$\tilde{\sigma} = C : \tilde{\varepsilon} \quad (3.24)$$

由于材料弹性性质的差别，在外力场作用下复合材料夹杂相内的平均应力与平均应变又不同于基体内的相应平均值，它们的差值为 $\acute{\sigma}$ 与

$\varepsilon'$。这个在基体平均背应力 $\sigma^0 + \tilde{\sigma}$ 基础上的夹杂应力扰动问题可以用 Eshelby 等效夹杂原理来处理,即

$$\sigma^{(1)} = \sigma^0 + \tilde{\sigma} + \sigma' = C_1 : (\varepsilon^0 + \tilde{\varepsilon} + \varepsilon') = C_0 : (\varepsilon^0 + \tilde{\varepsilon} + \varepsilon' - \varepsilon^*) \quad (3.25)$$

式中,$C_1$ 表示夹杂相的弹性张量,$\varepsilon^*$ 表示夹杂的等效本征应变。$\sigma'$ 与 $\varepsilon'$ 表示由于单个夹杂的存在引起的扰动应力与应变。沿用 Eshelby 的推导结果有

$$\varepsilon' = S : \varepsilon^* \quad (3.26)$$

根据式(3.23)、式(3.25)和式(3.26)可求得

$$\sigma' = C_0 : (\varepsilon' - \varepsilon^*) - C_0 : (S - I) : \varepsilon^* \quad (3.27)$$

根据文献[106],复合材料的体积平均应力应等于其远场作用的均匀应力 $\sigma^0$,于是有

$$\sigma^0 = (1 - f)\sigma^{(0)} + f\sigma^{(1)} \quad (3.28)$$

其中,$f$ 为夹杂相的体积比例。根据式(3.23)和式(3.25),得到

$$\tilde{\sigma} = -C_1 \sigma' \quad (3.29a)$$

$$\tilde{\varepsilon} = -C_1 : (\varepsilon' - \varepsilon^*) = -C_1 : (S - I) : \varepsilon^* \quad (3.29b)$$

将式(3.26)和式(3.29b)代入式(3.25)中,可以解得

$$\varepsilon^* = A : \varepsilon^0 \quad (3.30)$$

其中

$$A = \{C_0 + (C_1 - C_0)[fI + (1 - f)S]\}^{-1} : (C_0 - C_1) \quad (3.31)$$

同样,对于复合材料内部的体平均应变场 $\bar{\varepsilon}$ 有,

$$\bar{\varepsilon} = (1 - f)\varepsilon^{(0)} + f\varepsilon^{(1)} = \varepsilon^{(0)} + f\varepsilon^* = (I + fA) : C_0^{-1} : \sigma^0 \quad (3.32)$$

于是就可得到复合材料的等效弹性模量为

$$\bar{C} = C_0 : (I + fA)^{-1} \quad (3.33)$$

## 3.3　水泥浆体的早期弹性力学性能预测

### 3.3.1　水泥浆体的水化模型

假定水泥颗粒为球形,尺寸相同,在全部水泥净浆中均匀分布。随着水化过程的发展,水化产物在水泥颗粒的表面均匀增加,因此随着时间的推移,假设整体颗粒的形状仍然是球形。水泥水化的三维微观模型如图 3.5 所示。

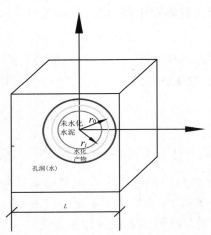

图 3.5　水泥水化的三维微观模型

假定水灰比为 $\dfrac{w}{c}$,水泥的密度为 $\rho_c$,立方体边长为 $L$,立方体体积为 $V=L^3$,则水泥的初始体积为 $V_{c0}=\dfrac{V}{1+\rho_c\dfrac{w}{c}}$,水的初始体积为 $V_{w0}=V-V_{c0}$,水化程度 $\alpha$ 可表示为下式:

$$\alpha = 1 - \left(\frac{r_i}{r_0}\right)^3 \quad (3.34)$$

其中，$r_i$ 表示未水化水泥颗粒的半径，$r_0$ 表示初始水泥颗粒的半径，其单位用 μm 表示。

在水化之前，材料组分中只含有水泥颗粒和孔洞(水)。在水化过程中，假定水泥与水按照最小理论水灰比 $(\frac{w}{c})_{\min}$ 反应[110]，随着水化程度 $\alpha$ 的增大，水泥颗粒表面产生一层水化产物，未水化水泥颗粒的体积 $V_c(\alpha)$ 不断减少，而水化产物 $V_s(\alpha)$ 的体积不断增加。同时，新生成的产物使孔洞(水)的体积 $V_w(\alpha)$ 减少，其体积可用式(3.35)~式(3.37)表示：

$$V_c(\alpha) = V_{c0}(1-\alpha) \quad (3.35)$$

$$V_w(\alpha) = V_{w0} - (\frac{w}{c})_{\min} V_{c0} \alpha \quad (3.36)$$

$$V_s(\alpha) = V - V_c(\alpha) - V_w(\alpha) \quad (3.37)$$

这个过程直到水化程度达到最大时停止。根据文献[111]，最终水化程度可用下式表示：

$$\alpha_u = 1 - e^{(-3.3w/c)} \quad (3.38)$$

## 3.3.2 水泥水化过程的细观力学模型

水泥水化过程中，其微观结构模型如图 3.6 所示。在本书中细观力学模型分为两个层次，第一层次为包裹了水化产物的水泥颗粒，利用双层夹杂自洽平均场理论求出其等效力学性能，该等效材料作为第二层次细观力学模型的基体，再将含水孔洞作为第二层次细观力学模型的夹杂。在模型中引入假设：水化产物和水泥颗粒都是各向同性线弹性材料，且形状均为球形，界面为理想黏结。

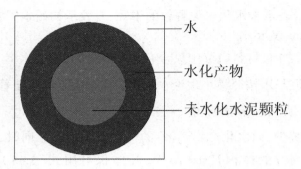

图 3.6　理想化的水泥浆体细观力学模型

第一层次的细观力学模型中,利用双层夹杂平均场理论[112],可得到其等效弹性模量 $C$ 的计算公式为

$$C - C^M = f(C^\Omega - C^M) : \left\{ I_4 + S : \left\{ (C - C^\Omega)^{-1} : C - S \right\}^{-1} \right\} \quad (3.39)$$

式中,$C^M$ 为水泥水化产物的弹性张量,$C^\Omega$ 为水泥颗粒的弹性张量,$I_4$ 为四阶单位张量,$f$ 为水化产物在总体积中的体积分数

$$f = \frac{V_s(\alpha)}{V_s(\alpha) + V_c(\alpha)} \quad (3.40)$$

$S$ 为 Eshelby 张量,$S = aI \otimes I + b\overline{I}_4$,$I$ 为二阶单位张量,$\overline{I}_4 = I_4 - \frac{1}{3} I \otimes I$ 为二阶偏张量投影算子,$a = \frac{K}{3K + 4G}$,$b = \frac{6(K + 2G)}{5(3K + 4G)}$。

各向同性弹性张量可以表示为 $C = KI \otimes I + 2G\overline{I}_4$,$K$、$G$ 分别为体积弹性模量和剪切弹性模量。公式(3.39)经过运算后,可以得到第一层次细观模型中等效介质体积弹性模量 $K$ 和剪切弹性模量 $G$ 分别为

$$K = \frac{(f - 3b)K^\Omega + (1 - 3b - f)K^M}{2(1 - 3b)} + \frac{\sqrt{\left[(f - 3b)K^\Omega + (1 - 3b - f)K^M\right]^2 + 12b(1 - 3b)K^\Omega K^M}}{2(1 - 3b)} \quad (3.41)$$

$$G = \frac{(f - a)G^\Omega + (1 - a - f)G^M}{2(1 - a)} + \frac{\sqrt{\left[(f - a)G^\Omega + (1 - a - f)G^M\right]^2 + 4a(1 - a)G^\Omega G^M}}{2(1 - a)} \quad (3.42)$$

式中，$K^\Omega$、$G^\Omega$、$K^M$、$G^M$ 分别为未水化水泥颗粒和水化产物的体积模量和剪切模量。

在第二层次细观力学模型中，为简化模型，将孔洞视为含满水的球形夹杂，利用自洽平均场理论[112]可得到水泥浆体的弹性模量 $\overline{C}$ 计算公式为

$$\overline{C} = C + f_1(C^I - C):\overline{A}^I:(\overline{A}^I - \overline{S})^{-1} \quad (3.43)$$

式中，$\overline{A}^I = (\overline{C} - C^I)^{-1}:\overline{C}$，$\overline{S}$ 为用 $\overline{C}$ 计算得到的 Eshelby 张量，$C^I$ 为含水孔洞的弹性模量，对于水介质，仅有体积模量 $K^I$，而剪切模量为零，$f_1$ 为孔洞的体积分数

$$f_1 = \frac{V_s(\alpha)}{V_s(\alpha) + V_c(\alpha) + V_w(\alpha)} \quad (3.44)$$

式（3.43）经过运算后，可以得到第二层次细观模型中水泥浆体的体积弹性模量 $\overline{K}$ 和剪切弹性模量 $\overline{G}$ 分别为

$$\overline{K} = \frac{(3f_1 - 9a)K^I + (3 - 9a - f_1)K}{6(1-3a)} + \frac{\sqrt{\left[(3f_1 - 9a)K^I + (3 - 9a - f_1)K\right]^2 + 108a(1-3a)K^I K}}{6(1-3a)} \quad (3.45)$$

$$\overline{G} = (1 + \frac{f_1}{b})G \quad (3.46)$$

再根据弹性力学公式得到第二层次细观模型中水泥浆体的弹性模量、泊松比分别为

$$E = \frac{9\overline{K}\,\overline{G}}{3\overline{K} + \overline{G}} \quad (3.47)$$

$$v = \frac{3\overline{K} - 2\overline{G}}{6\overline{K} + 2\overline{G}} \quad (3.48)$$

### 3.3.3 水泥水化过程的弹性力学性能预测

为了验证本书中的细观力学模型，采用文献[113]的数据，其水泥各相矿物组分含量如表 3.1 所示。

表 3.1　水泥各相矿物组分含量

| $C_3S$（%） | $C_2S$（%） | $C_3A$（%） | $C_4AF$（%） |
| --- | --- | --- | --- |
| 70.15 | 7.77 | 9.81 | 7.95 |

根据最小理论水灰比原则[110]计算得到水泥与水反应的最小理论水灰比分别为 0.242。分别取水灰比 $\frac{w}{c}$ 为 0.3、0.4、0.5，可以得到其最终水化程度 $\alpha_u$ 分别为 0.63、0.73、0.81。

根据文献 [114] ~ [117]，水泥浆体的弹性力学参数如表 3.2 所示。

表 3.2　水泥浆体的弹性力学参数

| 水泥各相矿物组分 | $K$(GPa) | $G$(GPa) | $E$(GPa) | $\nu$ |
| --- | --- | --- | --- | --- |
| $C_3S$[114] | 105.2 | 44.8 | 117.6 | 0.314 |
| $C_2S$[114] | 116.67 | 53.84 | 140 | 0.3 |
| $C_3A$[115] | 133.33 | 61.53 | 160 | 0.3 |
| $C_4AF$[115] | 104.17 | 48.07 | 125 | 0.3 |
| H[116] | 2.2 | 0 | 0 | 0.5 |
| C–S–H[117] | 13.89 | 10.42 | 25 | 0.2 |

根据式（3.35）~ 式（3.37）可以得到水泥浆体各相的体积分数 $f_r$，并将表 3.1 中的数据代入式（3.45）和式（3.46）则可得到水泥浆体的体积模量 $K$ 和剪切模量 $G$，再根据式（3.47）和式（3.48）可以求得弹性模量 $E$ 和泊松比 $\nu$。作出水泥浆体的弹性模量随水化程度的变化曲线，并与文献 [113] 的试验数据相比较，如图 3.7 和图 3.8 所示。

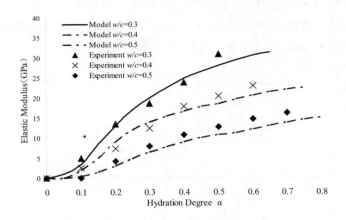

图 3.7 水泥浆体弹性模量随水化程度的变化曲线

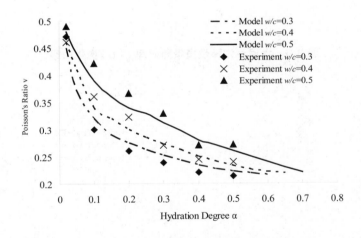

图 3.8 水泥浆体泊松比随水化程度的变化曲线

由图 3.7 和图 3.8 可见，在不同水灰比情况下，该模型模拟水泥浆体的弹性模量和泊松比随水化程度的变化曲线与试验结果吻合较好。在水化过程中，水的体积逐渐变小，淡水化产物逐渐增加，因而水泥浆体的弹性模量随之增大。而对于泊松比来说，在刚开始水化时，由于水泥颗粒完全浸没在水中，其泊松比接近 0.5，随着水化程度的增大，水的体积越来越小，因而泊松比也随之减小。且在高水灰比情况下，泊松比较大，而最终泊松比却比较接近，虽然高水灰比情况下的水的体积含量较大，然而根据式（3.38），其最终水化程度也较大，因而在水化过程中消耗水的体积较多,使得最终泊松比与低水灰比情况下较为接近。

借助第二章推导的水化动力学方程,则可导出水泥浆体的弹性模量和泊松比随时间的变化规律,如图 3.9 和图 3.10 所示。

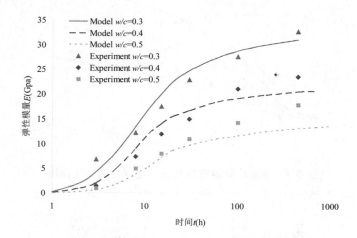

图 3.9　水泥浆体弹性模量随时间 $t$（h）变化曲线

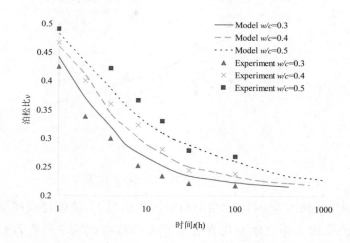

图 3.10　水泥浆体泊松比随时间 $t$（h）变化曲线

由图 3.9 和图 3.10 可见,随着龄期的增长,水泥浆体的弹性模量增大,且在早龄期的速率较大,后期则较为缓慢而趋于稳定。其原因在于水化产物初期呈现快速增加并占据原有孔隙空间。而泊松比则随龄期的增大而减小,这是因为随着龄期的增长,水不断被消耗,体积分数也越来越小。

## 3.4 水泥砂浆的早期弹性力学性能预测

### 3.4.1 水泥砂浆的细观力学模型

水泥砂浆是由砂、水和水泥以及相应添加剂,根据科学的配合比混合并搅拌形成。

为了完成对水泥砂浆的早期弹性力学性能进行预测的目的,假设砂子和水泥浆体都为各向同性均质材料,将水泥浆体视为基体,弹性模量为 $C^M$,砂子视为颗粒大小相同的球形夹杂,弹性模量为 $C^\Omega$,体积分数为 $f$,其细观力学模型如图 3.11 所示。

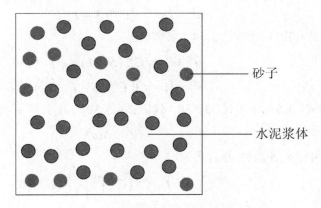

图 3.11 水泥砂浆细观力学模型

假定在无穷远处施加均匀应力 $\sigma^0$,夹杂 $\Omega$ 内的特征应变为 $\varepsilon^*$。基体和夹杂相对于均匀应力 $\sigma^0$ 的应力场扰动分别为 $\sigma^M$、$\sigma^\Omega$,由特征应变引起的应变场扰动 $\Delta\gamma_{ij}(x)$ 为

$$\Delta\gamma_{ij}(x) = -\frac{1}{2}\int_\Omega C_{klmn}\varepsilon^*_{mn}(x) \times \left[G_{ik,lj}(x-x') + G_{ik,lj}(x-x')\right]dx \quad (3.49)$$

式中,Green 函数 $G_{ij}(x-x')$ 表示点 $x'$ 沿下 $x_j$ 方向的单位力在点 $x$

处引起的沿 $x_i$ 方向的位移分量。

根据胡克定律和夹杂 $\Omega$ 内的平均应力可以得到水泥砂浆内的弹性场为

$$\boldsymbol{\sigma}^0 + \langle \boldsymbol{\sigma}^\Omega \rangle = \boldsymbol{C}^\Omega \left[ \boldsymbol{C}^{-1} \left( \boldsymbol{\sigma}^0 + \langle \boldsymbol{\sigma}^M \rangle \right) + \langle \Delta \boldsymbol{\gamma} \rangle \right] \quad (3.50)$$

式中,符号 $\langle \cdot \rangle$ 表示参数的平均值,$\Delta \gamma$ 表示由特征应变 $\varepsilon^*$ 引起的应变扰动,夹杂中扰动应变的平均值分别为

$$\langle \Delta \boldsymbol{\gamma} \rangle = \boldsymbol{S} \langle \boldsymbol{\varepsilon}^* \rangle \quad (3.51)$$

式中,$\boldsymbol{S}$ 为无限大体中球形夹杂的 Eshelby 张量。由于扰动应力场的平均值为 0,则

$$\int_D \sigma_{ij} \mathrm{d}x = 0 \quad (3.52)$$

通过数学变换,式(3.52)转化为

$$f \langle \boldsymbol{\sigma}^\Omega \rangle + (1-f) \langle \boldsymbol{\sigma}^M \rangle = 0 \quad (3.53)$$

将式(3.51)代入式(3.50)得

$$\boldsymbol{\sigma}^\Omega = \langle \boldsymbol{\sigma}^M \rangle + \boldsymbol{C}^M (\boldsymbol{S} - \boldsymbol{I}) \langle \boldsymbol{\varepsilon}^* \rangle \quad (3.54)$$

由式(3.53)和式(3.54)求解得

$$\boldsymbol{\sigma}^M = -f \left[ \boldsymbol{C}^M (\boldsymbol{S} - \boldsymbol{I}) \right] \langle \boldsymbol{\varepsilon}^* \rangle \quad (3.55\mathrm{a})$$

$$\boldsymbol{\sigma}^\Omega = (1-f) \left[ \boldsymbol{C}^M (\boldsymbol{S} - \boldsymbol{I}) \right] \langle \boldsymbol{\varepsilon}^* \rangle \quad (3.55\mathrm{b})$$

将式(3.55a)和式(3.55b)代入式(3.50),并求解 $\varepsilon^*$ 得

$$\langle \boldsymbol{\varepsilon}^* \rangle = \boldsymbol{\alpha} \boldsymbol{\sigma}^0 \quad (3.56)$$

其中,$\boldsymbol{\alpha}$、$\boldsymbol{\beta}$ 隐性表达式为

$$\boldsymbol{\sigma}^0 \left[ \boldsymbol{I} - \boldsymbol{C}^\Omega (\boldsymbol{C}^M)^{-1} \right] + \boldsymbol{A} \langle \boldsymbol{\varepsilon}^* \rangle = 0 \quad (3.57)$$

其中,$\boldsymbol{A} = \left[ (1-f)\boldsymbol{C} + f\boldsymbol{C}^\Omega \right] : (\boldsymbol{S} - \boldsymbol{I}) - \boldsymbol{C}^\Omega : \boldsymbol{S}$。

平均弹性应变 $\gamma^\Omega$ 为

$$\langle \boldsymbol{\gamma}^\Omega \rangle = (\boldsymbol{C}^M)^{-1} \langle \boldsymbol{\sigma}^M \rangle + \langle \Delta \boldsymbol{\gamma} \rangle \quad (3.58)$$

基体 $M$ 中的平均应力和平均应变的关系为

$$\langle \boldsymbol{\gamma}^M \rangle = (\boldsymbol{C}^M)^{-1} \langle \boldsymbol{\sigma}^M \rangle \quad (3.59)$$

水泥砂浆由水泥浆体和砂子组成,假定各相体积率为其对应的加权系数,则水泥砂浆的总平均应变场 $\overline{\gamma}$ 为

$$\langle \overline{\gamma} \rangle = \langle \gamma^0 \rangle + f \langle \gamma^\Omega \rangle + (1-f) \langle \gamma^M \rangle = \overline{D} \sigma^0 \qquad (3.60)$$

式中,$\gamma^0$ 为匀质复合材料无限远处应力 $\sigma^0$ 引起的应变;$\gamma^\Omega$ 为域内的平均弹性应变。由式(3.60)可得到弹性柔度 $\overline{D}$ 平均值,则水泥砂浆弹性模量的张量表达式为

$$\overline{C} = \left[ (C^M)^{-1} + f\alpha \right]^{-1} \qquad (3.61)$$

### 3.4.2 水泥砂浆的弹性力学性能预测

为了验证水泥砂浆的细观力学模型,采用文献[118]的数据,其各相矿物组分含量如表3.3所示。

表3.3 水泥砂浆的弹性力学参数

| 水泥砂浆各相矿物组分 | $K$(GPa) | $G$(GPa) | $E$(GPa) | $v$ |
|---|---|---|---|---|
| 未水化水泥颗粒 | 60 | 45 | 135 | 0.2 |
| 水化产物 | 11.11 | 8.33 | 25 | 0.2 |
| 砂子 | 30.3 | 25.6 | 60 | 0.17 |
| 水 | 2.2 | 0 | 0 | 0.5 |

取砂子的体积分数为30%,并结合水化程度与龄期的关系,观察水泥砂浆在不同水灰比情况下,其弹性模量的变化情况并作出相应曲线图,如图3.12所示。

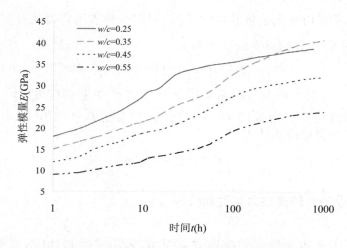

图 3.12　水化砂浆弹性模量随龄期的变化曲线

由图 3.12 可见，在不同水灰比情况下，随着水化程度的增大，水化产物的体积亦增大，而水的体积减小，因而水泥砂浆的弹性模量随之增大。在低水灰比情况下，弹性模量增长速率及最终弹性模量都较大，这是由于（孔洞）水的体积含量一直比高水灰比情况下低。然而当水灰比过低时（低于 0.3），由于水泥浆体的最终水化程度较低，虽然其早期弹性模量较大，但其最终弹性模量却较小。

分别令 $t=1$ d、3 d、7 d、28 d，做出 $w/c=0.3$ 的情况下水泥砂浆的弹性模量随砂率的变化曲线，如图 3.13 所示。

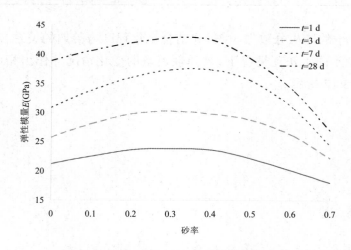

图 3.13　水化砂浆弹性模量随砂率的变化曲线

由图 3.13 可见，当龄期较小时，水泥砂浆弹性模量随砂率的变化不大，而当龄期较大时，则随砂率的变化较大。在相同龄期条件下，当砂率较低时，水泥砂浆弹性模量随砂率的增大而增大，而当砂率增大到 0.3 时，弹性模量随砂率的增大而逐渐减小。这说明当砂的掺量较低时，砂子能够增大水泥浆体的弹性模量，而掺量过高则会减小水泥浆体的弹性模量。

## 3.5 混凝土的早期弹性力学性能预测

混凝土宏观物理力学性能与细观结构之间的定量关系是近年来国际混凝土界的热门课题之一，也是混凝土材料性能优化设计的基础。传统上将混凝土看成是一种由骨料和水泥石基体所组成的两相复合材料[119]。不同以往的是，在今年的研究中发现，普通混凝土中骨料和水泥石基体之间存在着物理力学性能截然不同的界面层[120-123]。Hashin 和 Shtrikman 如果不考虑界面层的情况下，所给出的弹性模量低限值将高于实验所测得的弹性模量值[124-125]。Neubauer 等人首次在建立混凝土的弹性模量预测模型时考虑了界面影响[126]，将界面模拟成包围在骨料周围的等厚度球壳，相比两相模型，该模型与实际情况更吻合。Li 等人在 Christensen 工作的基础上，提出了考虑界面的四相复合球模型[127-128]，虽然这一模型克服了三相不能考虑最大骨料直径和骨料级配对混凝土弹性模量的影响的缺点，但过高地估计了混凝土弹性模量。

### 3.5.1 混凝土的细观力学模型

将水泥砂浆视为基体，粗骨料视为夹杂，其两相广义自洽模型如图 3.14 所示。

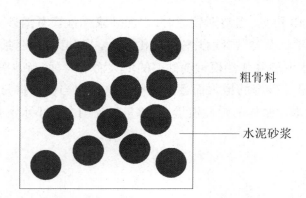

图 3.14　两相复合材料的广义自洽模型

在该模型中,设基体的体积模量、剪切模量和泊松比分别为 $K^M$、$G^M$ 和 $v_m$,夹杂相的体积模量、剪切模量和泊松比分别为 $K^\Omega$、$G^\Omega$ 和 $v_\Omega$。

根据文献 [129],在无限远处施加均匀应力或应变时,复合材料的有效体积模量和剪切模量分别为

$$\overline{K} = K_m + \frac{f(K_\Omega - K_m)(3K_m + 4G_m)}{3K_m + 4G_m + (1-f)(K_\Omega - K_m)} \quad (3.62)$$

式中,$f$ 为夹杂相的体积分数。

$$A\left(\frac{\overline{G}}{G_m}\right)^2 + B\left(\frac{\overline{G}}{G_m}\right) + C = 0 \quad (3.63)$$

式中,系数 $A$、$B$、$C$ 分别为

$$A = 8\left(\frac{G_\Omega}{G_m} - 1\right)(4 - 5v_m)\alpha_1 f^{\frac{10}{3}} - \left[126\left(\frac{G_\Omega}{G_m} - 1\right)\alpha_2 + 4\alpha_1\alpha_3\right]f^{\frac{7}{3}}$$

$$+ 252\left(\frac{G_\Omega}{G_m} - 1\right)\alpha_2 f^{\frac{5}{3}} - 50\left(\frac{G_\Omega}{G_m} - 1\right)(7 - 12v_m + 8v_m^2)\alpha_2 f + 4(7 - 10v_m)\alpha_2\alpha_3$$

$$(3.64a)$$

$$B = -4\left(\frac{G_\Omega}{G_m} - 1\right)(1 - 5v_m)\alpha_1 f^{\frac{10}{3}} - \left[252\left(\frac{G_\Omega}{G_m} - 1\right)\alpha_2 + 8\alpha_1\alpha_3\right]f^{\frac{7}{3}}$$

$$-504\left(\frac{G_\Omega}{G_m} - 1\right)\alpha_2 f^{\frac{5}{3}} - 150\left(\frac{G_\Omega}{G_m} - 1\right)(3v_m - v_m^2)\alpha_2 f + 3(15v_m - 7)\alpha_2\alpha_3$$

$$(3.64b)$$

$$C = 4\left(\frac{G_\Omega}{G_m}-1\right)(5v_m-7)\alpha_1 f^{\frac{10}{3}} - \left[126\left(\frac{G_\Omega}{G_m}-1\right)\alpha_2 + 4\alpha_1\alpha_3\right]f^{\frac{7}{3}}$$

$$+252\left(\frac{G_\Omega}{G_m}-1\right)\alpha_2 f^{\frac{5}{3}} + 25\left(\frac{G_\Omega}{G_m}-1\right)(v_m^2-7)\alpha_2 f + (5v_m+7)\alpha_2\alpha_3$$

(3.64c)

其中，$\alpha_1$、$\alpha_2$、$\alpha_3$ 分别为

$$\alpha_1 = \left(\frac{G_\Omega}{G_M}-1\right)(49-50v_m v_\Omega) + \frac{35G_\Omega(v_\Omega-v_m)}{G_M} + 35(2v_\Omega-v_m)$$

(3.65a)

$$\alpha_2 = 5v_\Omega\left(\frac{G_\Omega}{G_M}-4\right) + 7\left(\frac{G_\Omega}{G_M}+4\right)$$

(3.65b)

$$\alpha_3 = (8-10v_m)\frac{G_\Omega}{G_M} + (7-5v_m)$$

(3.65c)

再根据式（3.47）和式（3.48）就可得到混凝土的弹性模量、泊松比。

### 3.5.2 混凝土的弹性力学性能预测

为了验证混凝土的细观力学模型的有效性，选取文献[130]的混凝土试验结果进行比较，其各相成分的弹性力学参数如表3.4所示。

表3.4 混凝土的弹性力学参数

| 混凝土各相矿物组分 | $K$(GPa) | $G$(GPa) | $E$(GPa) | $v$ | 体积分数 |
|---|---|---|---|---|---|
| 粗骨料 | 43.8 | 37.1 | 86.7 | 0.17 | 15.3% |
| 细骨料 | 30.3 | 25.6 | 60 | 0.17 | 41.4% |

做出不同水灰比情况下混凝土的弹性模量随时间的变化曲线，如图3.15所示。

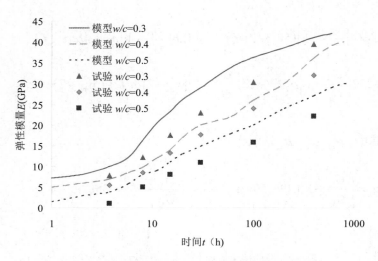

图 3.15　混凝土弹性模量随水化程度的变化曲线

由图 3.15 可见，在不同水灰比情况下，该模型可以较好地模拟混凝土的弹性模量随时间的变化曲线。且在整个水化过程中，早期的弹性模量增长较快，而后期的弹性模量增长则变得缓慢，且低水灰比情况下的混凝土弹性模量较高。这是由于早期的水泥浆体的水化速率较快，孔隙率随之降低，因而早期的弹性模量增长较快。水灰比越大，则在反应过程中剩余的水分就越多，因而水泥石基体的孔隙率也越大，从而减小了混凝土的弹性模量。

## 3.6　多尺度下的水泥基材料概率模型构建

### 3.6.1　概率模型

为了量化输入参数不确定性对模型响应的影响，解释水泥基材料的随机性，本书基于敏感性分析，在细观力学理论框架下构建水泥基材料概率模型，采用拉丁超立方体抽样法进行样本抽取，利用蒙特卡罗法模拟响应结果以进行统计分析。

假设函数 $Y = f(X)$，其中 $X = (X_1, X_2, \cdots, X_n)$，$X_i$ ($i=1,2,\cdots,n$) 服从某分布且相互独立，进行 $N$ 次计算得到

$$X = \begin{bmatrix} x_{11} & x_{12} & \cdots & x_{1i} & \cdots & x_{1n} \\ x_{21} & x_{22} & \cdots & x_{2i} & \cdots & x_{2n} \\ \vdots & \vdots & & \vdots & & \vdots \\ x_{N1} & x_{N2} & \cdots & x_{Ni} & \cdots & x_{Nn} \end{bmatrix}, Y = \begin{bmatrix} y_1 \\ y_2 \\ \vdots \\ y_N \end{bmatrix} \quad (3.66)$$

对于水泥基材料概率模型，$X_1, X_2, \cdots, X_n$ 为影响敏感性指标的各个因素，包括多尺度下各相的体积分数和弹性模量。其中 $Y$ 为敏感性指数，$f$ 为敏感度函数，把 $f(X)$ 分解得到

$$f(X) = f_0 + \sum_i f_i(x_i) + \sum_{i<j} f_{i,j}(x_i, x_j) + \cdots + f_{1,2,\cdots,n}(x_1, x_2, \cdots, x_n) \quad (3.67)$$

当 $\int_0^1 f_{i_1, i_2, \cdots, i_s} \mathrm{d}x_{i_p} = 0$，其中 $1 \leq i_1 < i_2 < \cdots < i_s \leq n$，$1 \leq s \leq n$，$1 \leq p \leq s$，则可将 $f(X)$ 进行下一步的方差分解。将式（3.67）的两侧对 $X$ 进行积分得

$$f_0 = \int f(X) \mathrm{d}X \quad (3.68)$$

将式（3.67）的两侧除 $x_i$ 外的所有参数进行积分得

$$\int f(X) \prod_{p \neq i} \mathrm{d}x_p = f_0 + f_i(x_i)$$

$$f_i(x_i) = \int f(X) \prod_{p \neq i} \mathrm{d}x_p - f_0$$

将式（3.67）的两侧除 $x_i, x_j$ 外的所有参数进行积分得

$$\int f(X) \prod_{p \neq i,j} \mathrm{d}x_p = f_0 + f_i(x_i) + f_j(x_j) + f_{i,j}(x_i, x_j)$$

$$f_{i,j}(x_i, x_j) = \int f(X) \prod_{p \neq i,j} \mathrm{d}x_p - f_0 - f_i(x_i) - f_j(x_j) \quad (3.69)$$

同理可得式（3.67）右侧的每个分解函数。

方差的比值

$$S_{i_1, i_2, \cdots, i_s} = V_{i_1, i_2, \cdots, i_s} / V \quad (3.70)$$

总方差 $V = \int f^2(X) \mathrm{d}X - f_0^2$，$V$ 表示所有输入参数不确定性对模型响应的影响；偏方差 $V_i = \int f_i^2 \mathrm{d}x_i$，$V_{i_1, i_2, \cdots, i_s} = \int f_{i_1, i_2, \cdots, i_s}^2 \mathrm{d}x_s$，$V_i$ 表示单个输入参数对不确定性模型响应的影响；$V_{i_1, i_2, \cdots, i_s}$ 表示输入参数之间的交互效应对模型响应的影响。

由上述过程可得：
$$f_0 = E(Y), \quad f_i = E(Y|x_i) - E(Y), \quad f_{i,j} = E(Y|x_i, x_j) - f_i - f_j - E(Y), \cdots$$

当 $X_i$ 取 $x_i$ 时 $Y$ 的条件方差为 $V(Y|x_i)$，$V(Y)$ 和 $V(Y|x_i)$ 之间的差异反映了 $X_i$ 对 $Y$ 的影响。当函数 $Y = f(X)$ 为非线性时，在 $X_i$ 的取值范围内，$V(Y)$ 可能小于 $V(Y|x_i)$，所以对条件方差 $V(Y|x_i)$ 取均值 $E_{X_i}(V(Y|x_i))$。

由文献 [131] 得：$V(Y) = E_{X_i}(V_{X_{-i}}(Y|x_i)) + V_{X_i}(E_{X_{-i}}(V(Y|x_i)))$

(3.71)

本书使用的是基于方差的全局敏感性分析[132-133]，其与局部敏感性分析相比，考虑了所有随机输入参数的同时变化。一阶敏感度指数 $S_i$ 的计算公式如下：

$$S_i = \frac{V_{X_i}(E_{X_{-i}}(Y|X_i))}{V(Y)}, \quad \sum_{i=1}^{K} S_i \leq 1 \tag{3.72}$$

若将输入参数分为 $X_i$ 和 $X_{-i}$（不包括 $X_i$）两组。$V_{X_{-i}}(E_{X_i}(Y|X_{-i}))$ 为除 $X_i$ 外所有输入参数对 $V(Y)$ 的影响；$V(Y) - V_{X_{-i}}(E_{X_i}(Y|X_{-i}))$ 为所有与 $X_i$ 有关的效应（包括 $X_i$ 的主效应以及 $X_i$ 与其他因素的交互效应）对 $V(Y)$ 的影响。总阶敏感性指数如下所示：

$$S_{T_i} = \frac{E(V(Y|X_{-i}))}{V(Y)} = 1 - \frac{V_{X_{-i}}(E_{X_i}(Y|X_{-i}))}{V(Y)}, \quad \sum_{i=1}^{K} S_{T_i} \leq 1 \tag{3.73}$$

### 3.6.2 算例

（1）模型输入参数

为了验证本书的多尺度下的水泥基材料概率模型，采用了文献 [134,135,136-138] 中的数据，各相的输入参数如表 3.5、表 3.6 所示。Mean 表示数据平均值，SD 为标准差，概率密度函数（PDF）被用来为每个输入参数独立生成样本集，采用拉丁超立方体抽样法为每个输入参数生成 500 个样本进行模型响应。

# 第3章 水泥基材料早期弹性力学性能预测

表3.5 弹性模量输入参数

| 弹性模量$E$(GPa) | $C_3S$ | $C_2S$ | $C_3A$ | $C_4AF$ | CH | C-S-H-LD | C-S-H-HD | 水化产物 | 砂 | 粗骨料 |
|---|---|---|---|---|---|---|---|---|---|---|
| Mean | 135 | 140 | 145 | 125 | 38 | 21.7 | 29.4 | 29.2 | 60 | 65 |
| SD | 7.0 | 20.0 | 10.0 | 25.0 | 5.0 | 2.2 | 2.4 | 2.4 | 10 | 10 |
| PDF | logn ($y=\log_a x$) | | | | | | | | | |

表3.6 体积分数输入参数

| 体积分数$f$(%) | 定量相组成 | | | | 混合物 | |
|---|---|---|---|---|---|---|
| | $C_3S$ | $C_2S$ | $C_3A$ | $C_4AF$ | 砂 | 粗骨料 |
| Mean | 62.2 | 15.2 | 10.6 | 0.9 | 300 | 500 |
| SD | / | / | / | / | / | / |
| PDF | u(56.8,67.6) | u(12.6,17.8) | u(9.7,11.5) | u(0.8,1.0) | u(200,400) | u(400,600) |

（2）模型预测结果

对所有生成的样本集进行多尺度模型评估，并利用随机模型的响应和 Matlab"分布拟合"确定模型预测的概率分布，实线为弹性模量的平均值，虚线为标准值。结果表明，在两种水灰比情况下，预测的弹性模量是正态分布的，如图 3.16 所示。

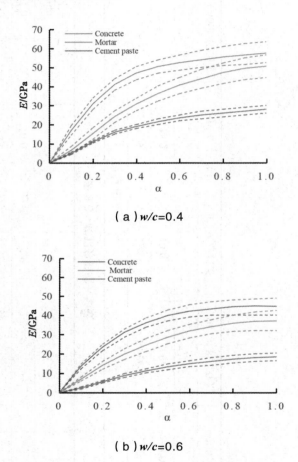

(a) $w/c$=0.4

(b) $w/c$=0.6

图 3.16　多尺度模型下弹性模量与水化程度的关系曲线

图 3.16 的（a）和（b）显示了在水灰比 $w/c$ 为 0.4 和 0.6 时，随水化程度 $\alpha$ 的增大，在三尺度下弹性模量的变化趋势。随着水化反应进行，水逐渐被消耗，水化产物增多，所以三尺度的整体弹性模量随 $\alpha$ 的增大而呈上升趋势。(a) 的弹性模量数值整体比 (b) 高，因为水灰比越大含

水量越多,水灰比较低时,剩余水的体积分数较低,使得低水灰比的弹性模量较高。

另外,图3.16也显示不同尺度间弹性模量的差异。混凝土最大,砂浆次之,水泥浆体最小。因为高尺度的不确定性是在跨尺度上传播的不确定性总量,即在混凝土尺度上,包括了在水泥浆和砂浆上表现的不确定性。

### 3.6.3 敏感性分析

(1)总阶敏感度指标$S_{T_i}$预测曲线

敏感性分析的结果分别是水泥浆体、砂浆和混凝土三个尺度。总阶敏感度指数表示为水化程度的函数,见图3.17。总阶敏感度指标几乎等于1,说明输入参数之间的交互影响可以忽略。

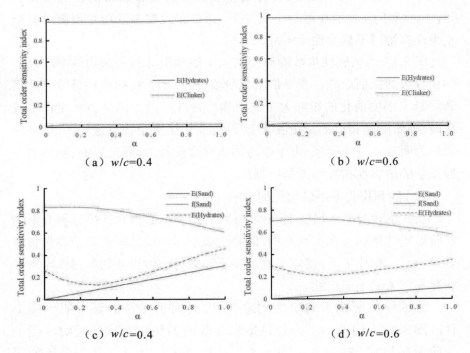

(a) $w/c=0.4$　　　　　　(b) $w/c=0.6$

(c) $w/c=0.4$　　　　　　(d) $w/c=0.6$

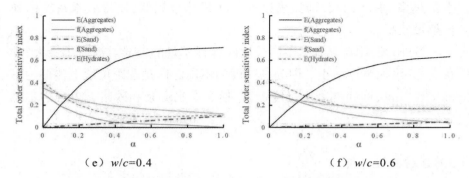

（e）w/c=0.4　　　　　　　　　（f）w/c=0.6

**图 3.17　多尺度模型总阶敏感度指数与水化程度的关系曲线**

图 3.17 表示在 w/c 分别为 0.4 和 0.6 时，三尺度下水化产物与熟料弹性模量的总阶敏感度指标随 α 的变化曲线。(a) 和 (b) 表示在水泥浆体尺度下，对模型结果影响最大的因素是水化产物的弹性模量。(c) 和 (d) 表示在砂浆尺度下，砂作为主要成分对模型结果的影响最为明显。(e) 和 (f) 表示在混凝土尺度下，骨料和砂粒夹杂物对预测的混凝土弹性模量的不确定性影响最大。

图 3.17 的敏感性指数的演变揭示了砂和粗骨料夹杂物的刚度及其体积分数的抵消效应。在早期水化阶段，砂和粗骨料的体积分数对砂浆和混凝土刚度演化的影响大于夹杂物的弹性模量。但是在水化程度较高时，该影响是相反的。在混凝土尺度上，由于夹杂物总量较大，这一现象较为明显。对于砂浆，由于砂的体积分数较低，会降低影响，而砂的弹性模量的敏感性指数增加是明显的。

（2）砂和粗骨料不确定性的影响

在砂浆和混凝土尺度上，砂和骨料的体积分数和弹性模量都会影响总阶敏感性指标。在实验室里，混凝土通常与性质已知的砂子和骨料混合在一起。相比之下，建筑工地的砂土和集料的体积分数和弹性模量可能存在较大的不确定性。

为了评估所选不确定性的重要性，研究了四种混凝土的不确定性。图 3.18（a）和（b）为骨料体积分数的不确定性较低时的混凝土总阶敏感指标，PDF 为 u（4.5,5.5）；(c) 和 (d) 为骨料体积分数的不确定性较高时的混凝土总阶敏感指标，PDF 为 u（3,7）；(e) 和 (f) 为骨料弹性模量的不确定性较低时的混凝土总阶敏感指标，PDF 为 logn

（Mean=60 GPa，SD=5 GPa）；（g）和（h）为骨料弹性模量的不确定性高时的混凝土总阶敏感指标，PDF 为 logn（Mean=60 GPa，SD=20 GPa）。

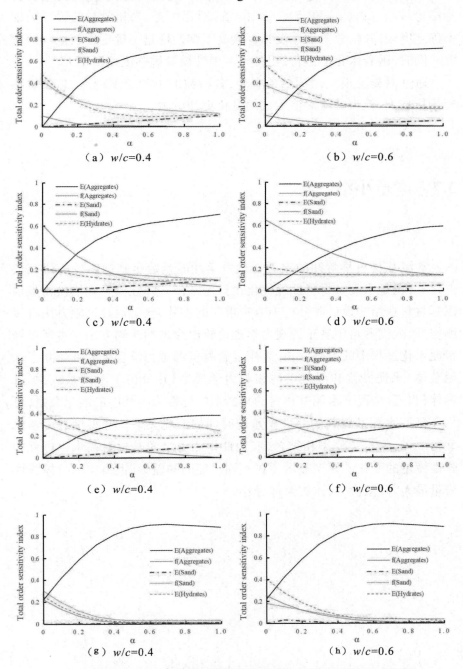

图 3.18　混凝土尺度模型总阶敏感度指数与水化程度的关系曲线

由图 3.18 的(a)和(b)可见,当粗骨料的体积分数不确定度较低时,其对应的总阶敏感度指标也较小;在(c)和(d)中,不确定度较高时,指标也较高。由(e)和(f)、(g)和(h)对比可见,当粗骨料的弹性模量不确定度较高时,总阶敏感度指标会高于弹性模量不确定度较低时的情况。同时,随着水化的进行,粗骨料的弹性模量敏感度逐渐增大。

通过混凝土模型预测结果表明,各参数的不确定度越高,总阶敏感度指标越大,模型响应对该参数的变化更加敏感。

## 3.7 本章小结

水泥基材料早龄期的宏观物理力学性能是近年来国内外的研究热点之一,也是水泥基材料性能优化设计的基础。弹性模量和泊松比是水泥基材料在结构设计和分析中非常重要的参数,除了通过试验方法直接测定外,人们更希望基于细观力学理论给出合理的预测方法。本章根据水泥水化过程中的组分变化,采用复合材料细观力学理论分别建立了水泥浆体、水泥砂浆和混凝土的细观力学模型,并分析了不同水灰比、骨料体积分数情况下水泥基材料的早龄期的弹性力学性能的演化关系,可用于预测水泥基材料的弹性模量随时间的演化关系。并将细观力学模型与 Powers 水化模型相结合,成功地预测了水泥基材料在水化过程中弹性模量的变化。模型显示了在不同尺度间的差异,混凝土的整体弹性模量最大,砂浆次之,水泥浆体最小。

# 第 4 章

# 水泥基材料的化学收缩模型

## 4.1 概　述

　　水泥基材料早龄期的开裂主要是早期收缩导致,而引起混凝土早期裂缝及混凝土耐久性的主要因素是混凝土早期的体积变形。根据近年的调查研究表明,高性能混凝土的水灰比较低,因而使得其产生较大的体积变形,加速了早期裂缝的扩展。

　　探讨混凝土收缩机理及其对混凝土早龄期抗裂性能是近些年来国内外的研究热点之一[139]。Jensen[140]的研究表明,外加剂的使用使得水泥浆体在水化过程中的相对湿度下降,因而加速了混凝土早期的收缩。Power[141]的研究发现,硅酸盐水泥在水化过程中的化学收缩为 6 ~ 7 mL/100 g,而硅灰的掺入使得其化学收缩值达到 20 mL/100 g。

　　根据过去的调查研究发现,对于水泥基材料的收缩主要是通过大量的试验来收集直接数据来进行的。然而,试验研究这一过程也有它固有的缺陷,例如开展工作量大、持续时间长,还受到各方面试验条件的限制。因此，从理论角度来建立水泥基材料早龄期的收缩模型是非常有必要的。基于 Tennis 的 Jennings[142] 的水泥水化微结构演化过程，并借助水化速率与水化程度的关系，本章提出了水泥基材料早龄期的化学收缩预测模型，可用于预测硅酸盐水泥早期收缩变化趋势。

## 4.2 考虑多种因素的水化动力学模型

水泥的水化过程是一个极其复杂的物理化学变化，包括化学反应和物理化学反应。这一过程伴随着热量产生、强度增长以及收缩的复杂物理化学过程。若要深入探析其过程，则需要考虑从微观角度来建立多种因素的水泥水化动力学模型。随着计算机技术的进步，Bentz[143]、Van Breugel[144]、Ki-Bong Park[145]、Navi[146] 等从试验基础上建立了各种微观模型，水泥基材料的计算机模拟技术是通过运用计算机技术来建立的水化模型，以便模拟水泥的水化过程，来达到机理分析、组分优化和性能预测的目的，其中 CEMHYD3D[147] 和 HYMOSTRUC[148] 模型的应用最广泛。

通过对比分析，可以发现大多数模型的参数是基于宏观实验的数据回归分析，因而存在较大的离散型，且没有将力学参数应用到模型中。基于 Ulm 和 Coussy[149] 提出的多相水化动力学模型，考虑了水泥的化学组成、养护温度、水灰比及水泥细度等因素，从理论上建立了水化动力学方程，可用于预测水化速率和水化程度。

### 4.2.1 水化动力学的影响因素

在过去长达二十年的时间里，国内外许多研究学者通过不同的角度，根据大量试验研究来分析水化动力学的影响因素，这其中主要包括水泥的化学组成、水灰比、水泥细度以及养护温度等等。

(1) 水泥的化学组成

在影响水泥水化过程的所有因素中,水泥的化学组成应该是最主要的一个因素。根据试验结果表明,水泥化学组成的四种主要成分($C_3S$,$C_2S$,$C_3A$,$C_4AF$)中,首先 $C_3A$ 最先与水反应,接下来分别是 $C_3S$、$C_2S$,最后是 $C_4AF$。由于各种成分的化学反应速率不同,并且要识别各种成分的水化过程也比较困难,所以现阶段在定义水化程度和水化速率时采用的方式是水泥各组分整体的水化程度和水化速率。因此,本章也采纳了该种定义方式。

(2) 水灰比($\frac{w}{c}$)

O.M.Jensen[150] 的试验结果表明,较高的水灰比会加速相边界反应,而对早期的结晶成核与晶体生长却没有明显影响。根据 Powers[151] 的理论,当水灰比低于 0.38 时,水泥将不能完全被水化,换而言之,即水灰比还会影响水泥的最终水化程度 $\alpha_{\max}$。Waller[152] 根据大量试验,得出水泥的最终水化程度 $\alpha_{\max}$ 与水灰比的关系式如式(4.1)所示:

$$\alpha_{\max} = 1 - e^{-3.3\frac{w}{c}} \tag{4.1}$$

(3) 水泥细度

由于水泥的细度会影响到水化速率,而水泥的水化速率是在单位时间内水泥的水化程度。因此,水泥的细度会影响到最终的水化程度 $\alpha_{\max}$。即水泥颗粒越细,水化速率和最终水化程度 $\alpha_{\max}$ 都会越大。Bentz 和 Haecker[153] 的研究表明,在水灰比较小时,水泥的细度影响程度将会降低。另外,根据研究发现,当水化程度相同时,水泥的颗粒越细,则其相对于未水化水泥颗粒的水化产物的厚度就越小,因而会增加最终的水化程度 $\alpha_{\max}$。除此之外,水泥颗粒的粒径分布也会影响水化速率[154]。

(4) 养护温度

对于水泥的水化反应来说,养护温度对水化反应的影响是成正比的。一方面,水化速率会随着温度的升高而加快;另一方面,水化产物的密度会随着温度的升高而增大,从而阻止自由水渗透进水化产物中而降低水泥的水化速率。Xiong[155] 和 Breugel[156] 认为,表面活化能与水泥化学组成、养护温度和水化程度都相关。Freiesleben Hansen and Pedersen[157] 则提出表面活化能仅仅为养护温度的函数。而 Schinler[158]

的研究表明,表面活化能与水泥化学组成和颗粒的细度有关。

### 4.2.2 水化模型

Krstulovic[159]的研究表明,水泥的水化过程分为三个基本阶段,即早期(诱导期)、中期(相边界反应)、后期(扩散反应)。其中,早期、中期以及后期过程可以同时发生,但是水泥的水化过程的整体发展关键在于这三个过程中最慢的一个反应过程。早期是一个短暂的化学溶解过程,持续时间只有几个小时。随后进入的中期是离子从表面进入未水化水泥颗粒逐渐形成水化产物的过程,持续时间大约为 24 ~ 48 h。在早期和中期主要由相边界反应控制,而在后期主要是扩散反应控制,也是时间最长的一个阶段。在本书的研究中,假设相边界反应是特殊的扩散反应,则水泥的水化过程统一由扩散反应控制。

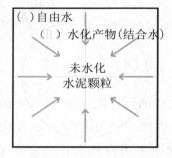

图 4.1　水泥水化模型示意图

如图 4.1 所示,水泥的水化过程是由自由水逐渐侵入水泥颗粒并发生化学反应,生成的水化产物以化学结合水的形式存在,而把水化过程的机理看作是自由水的扩散过程。根据上述机制,A 状态为自由水在宏观空洞中,B 状态为化学结合水在水化产物中,$\varphi_{A \to B}$ 表示在扩散反应中由 A 状态到 B 状态的能量耗散,$\varphi_{A \to B}$ 可用式(4.2)表示:

$$\phi_{A \to B} = A_\alpha \dot{\alpha} \geqslant 0 \qquad (4.2)$$

其中,$A_\alpha$ 表示由 A 状态到 B 状态的化学结合力,$A_\alpha$ 可用 Arrhenius 方程表示为式(4.3)。

$$A_\alpha = \frac{\dot{\alpha}}{\eta_\alpha} \exp\left(\frac{E_a}{RT}\right) \qquad (4.3)$$

式中，$\eta_\alpha$ 为水化产物的渗透力，$E_a$ 为表面活化能，$R$ 为 Avogadro 常数，$T$ 为绝对温度。根据式（4.3），水化速率 $\dot\alpha$ 可以用式（4.4）表示：

$$\dot\alpha = A_\alpha \eta_\alpha \exp(-\frac{E_a}{RT}) \tag{4.4}$$

式（4.4）为理想状态下的水泥水化动力学方程，其中化学结合力 $A_\alpha$ 和渗透系数 $\eta_\alpha$ 受到水泥成分的影响。根据 Bresson[160] 的试验结果，水泥的组分会影响化学结合力 $A_\alpha$ 和渗透系数 $\eta_\alpha$，而水灰比只会影响化学结合力 $A_\alpha$，其相关性可用式（4.5）表示：

$$A_\alpha \propto (\frac{A_0}{k\alpha_{\max}} + \alpha)(\alpha_{\max} - \alpha) \tag{4.5}$$

式中，$k$ 为根据水泥成分确定的参数，$A_0$ 为初始化学结合力（$a=0$），$\alpha_{\max}$ 为最终水化程度。为了简化模型，渗透系数 $\eta_\alpha$ 可用式（4.6）表示：

$$\eta_\alpha = \exp(-n\alpha) \tag{4.6}$$

$n$ 需要根据养护温度、水化程度和水泥细度来确定。式（4.6）表明渗透系数随着水化程度的增大而减小。为了简化计算，本书忽略水泥颗粒尺寸的影响，仅考虑水泥的比表面积，因而初始化学结合力 $A_0$ 可用式（4.7）表示：

$$A_0 = \frac{B_0 \beta}{350} \tag{4.7}$$

式中，$B_0$ 为根据水泥比表面积为 350 m$^2$/kg 测得的初始化学结合力，$\beta$ 为水泥的比表面积（m$^2$/kg）。

根据式（4.4）～式（4.7），并回归了大量的试验数据，本书提出的水化动力学方程如式（4.8）所示：

$$\frac{d\alpha}{dt} = A_\alpha \eta_\alpha \exp(-\frac{E_a}{RT}) \exp(\frac{E_a}{293R}) \tag{4.8}$$

其中，$A_\alpha = k(\frac{A_0}{k\alpha_{\max}} + \alpha)(\alpha_{\max} - \alpha) \exp\left[\frac{\alpha}{\alpha_{\max}} - 1.5\left(\frac{\alpha}{\alpha_{\max}}\right)^2 + 0.4\right]$。

根据文献[161]，表面活化能 $E_a$（kJ/mol）可表示为

$$E_a = 22.1 \times p(C_3A)^{0.30} \times p(C_4AF)^{0.25} \times \beta^{0.35} \tag{4.9}$$

式中，$p(C_3A)$、$p(C_3S)$ 分别为水泥化学组分 $C_3A$、$C_3S$ 的百分含量。

### 4.2.3 算例

为了验证本书的数学模型，采用文献 [162][163] 中的数据，其试验参数如表 4.1 所示。

表 4.1 水泥各组分含量与材料常数

| 水泥组别 | 水泥各组分含量 | | | | 比表面积 | 材料常数 | | | |
|---|---|---|---|---|---|---|---|---|---|
| | $C_3S$(%) | $C_2S$(%) | $C_3A$(%) | $C_4AF$(%) | ($m^2$/kg) | $E_a$（kJ/mol） | $k$（$h^{-1}$） | $n_0$ | $B_0$（h） |
| A[136] | 70.15 | 7.77 | 3.81 | 5.95 | 332 | 31.24 | 0.494 | 7.50 | 0.013 8 |
| B[136] | 53.1 | 25.9 | 6.9 | 9.7 | 380 | 43.90 | 0.493 | 7.55 | 0.011 0 |
| C[137] | 47.66 | 24.89 | 9.52 | 7.14 | 350 | 43.83 | 0.533 | 6.73 | 0.012 9 |
| D[137] | 53.63 | 21.83 | 3.04 | 12.31 | 350 | 36.01 | 0.441 | 7.31 | 0.008 9 |

其中，表 4.1 中的材料参数 $E_a$、$B_0$、$k$、$n_0$ 分别根据式（4.9）～式（4.12）计算得到[164]。

$$B_0 = -0.076\ 7p(C_4AF) + 0.018\ 4 \quad (4.10)$$

$$k = 0.56p(C_3S)^{-0.206} \times p(C_2S)^{-0.128} \times p(C_3A)^{0.161} \quad (4.11)$$

$$n_0 = 10.945p(C_3S) + 11.25p(C_2S) - 4.10p(C_3A) - 0.892 \quad (4.12)$$

（1）在常温下，不同水灰比下的水化速率曲线分析（20 ℃）

分别取水灰比（$\frac{w}{c}$）分别为 0.3、0.4、0.5，根据式（4.1），得到最终水化程度 $\alpha_{max}$ 分别为 0.63、0.73、0.81。将所有参数代入式（4.9），则得到 A、B 两组水泥在 20 ℃时水灰比分别为 0.3、0.4、0.5 下的水化速率曲线图，并与文献[151]中的试验数据相比较，分别如图 4.2、图 4.3 所示。

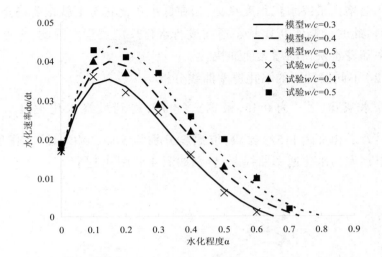

图 4.2  A 组水泥在不同水灰比的水化速率曲线

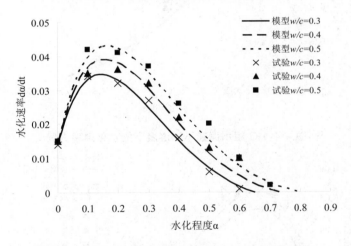

图 4.3  B 组水泥在不同水灰比的水化速率曲线

由图 4.2 和图 4.3 可见,在确定温度的情况下,该模型能够较好地模拟水泥基材料在不同水灰比情况下的水化速率 $\dfrac{d\alpha}{dt}$ 曲线。在水化反应初期时,得到的水化产物较少,因此在水化反应初期结晶成核与晶体生长($NG$)对水化反应起主导作用,而水灰比对水化反应早期的影响较小。到了水化中期,由于相边界反应(Ⅰ)起主导作用,而增大水灰比会加速相边界反应(Ⅰ),因而也加速了水化速率。在水化反应后期时,由于水灰比会增大最终水化程度 $\alpha_{max}$，当在低水灰比状态下就快要终止水化过程时，此时的高水灰比状态还在进行水化反应过程。因此，水泥的水化速率随着水灰比的增大而加快。

（2）不同温度下的水化速率曲线分析

取水灰比（$\frac{w}{c}$）为0.35，根据式（4.1），得到最终水化程度 $\alpha_{max}$ 为0.69。为了和文献 [152] 比较，取温度分别为5℃、20℃、40℃，作出C、D两组水泥的水化速率曲线图，分别如图4.4、图4.5所示。

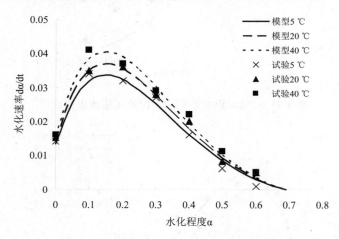

图4.4　C组水泥在不同温度下的水化速率曲线

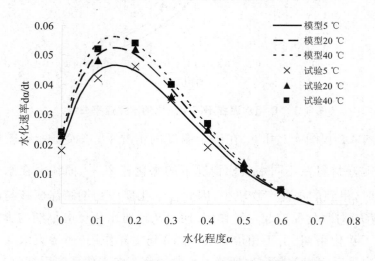

图4.5　D组水泥在不同温度下的水化速率曲线

# 第 4 章
水泥基材料的化学收缩模型

由图 4.4 和图 4.5 可见,该模型能够较好地模拟水泥基材料在不同温度下的水化速率 $\dfrac{d\alpha}{dt}$ 曲线。温度的升高能够显著地加速水泥的水化反应进程,但是温度变化却不能改变水泥基材料的最终水化程度。

## 4.3 水泥基材料的化学收缩模型

### 4.3.1 收缩模型研究背景

对于水泥基材料早期的化学收缩,Power[141]提出了基于多相水化产物含量的化学收缩模型,然而硅酸盐水泥的水化产物的生成比例由于矿物组成含量的不同存在较大的离散型。

对于水泥基材料的水化动力学过程,Krstulovic 等[165]认为水泥基材料的水化反应有 3 个基本过程:结晶成核与晶体生长(NG)、相边界反应(I)及扩散(D),水化反应的 3 个基本过程可以同时发生,但是关于水泥基材料水化过程的整体发展程度取决于其中最慢的一个反应过程。Krstulovic 还分别给出了 3 个过程的积分与微分表达式。

D.P.Bents[166]认为,水泥在水化过程中其孔隙率与水灰比对于水泥水化过程具有重要意义,并提出了基于孔隙率和水灰比的体积模型,然而模型中的微分方程求解非常复杂,只有在特定条件下才有解析解。

### 4.3.2 化学收缩模型

一般情况下,硅酸盐水泥水化反应的化学方程式可用式(4.13)~式(4.17)表示[165]:

$$C\bar{S}H_{1/2} + 1.5H = C\bar{S}H_2 \qquad (4.13)$$

$$C_3S + 5.3H = C_{1.7}SH_4 + 1.3CH \qquad (4.14)$$

$$C_2S + 4.3H = C_{1.7}SH_4 + 0.3CH \qquad (4.15)$$

$$C_3A + C\bar{S}H_2 + 10H = C_4A\bar{S}H_{12} \qquad (4.16)$$

$$C_4AF + C\bar{S}H_2 + 14H = C_4A\bar{S}H_{12} + CH + FH_3 \quad (4.17)$$

式中，$C_2S$ 为硅酸二钙；$C_3S$ 为硅酸三钙；H 为水（$H_2O$）；$C_3A$ 为铝酸三钙；$C_4AF$ 为铁铝酸四钙；$C\bar{S}H_{1/2}$ 为半水石膏；$C\bar{S}H_2$ 为二水石膏；$C_{1.7}SH_4$ 为水化硅酸钙；CH 为氢氧化钙；$C_4A\bar{S}H_{12}$ 为水化硫铝酸钙；$FH_3$ 为水化铁酸钙。

在硅酸盐水泥水化反应过程中，由于水泥浆体体积绝对的减少，称为化学收缩。因此，若已知反应物与产物的密度及摩尔质量，则可根据化学反应方程式从理论上计算出各反应的体积增量。根据文献[142]可知，硅酸盐水泥矿物各相成分及水化产物密度和摩尔质量如表 4.2 所示。

表 4.2　水泥矿物各相成分及水化产物密度和摩尔质量

| 各相成分 | $C_3S$ | $C_2S$ | $C_3A$ | $C_4AF$ | $C\bar{S}H_{1/2}$ | $C\bar{S}H_2$ | $C_{1.7}SH_4$ | CH | $FH_3$ | $C_4A\bar{S}H_{12}$ |
|---|---|---|---|---|---|---|---|---|---|---|
| 密度（g/cm³） | 3.15 | 3.28 | 3.03 | 3.73 | 2.74 | 2.32 | 1.99 | 2.24 | 2.20 | 2.02 |
| 摩尔质量（g/mol） | 228 | 172 | 270 | 486 | 145 | 172 | 272 | 74 | 214 | 622 |

根据表 4.2 及式（4.13）~式（4.17），则可得到反应后化学收缩量如式（4.18）所示

$$\Delta V = \alpha_{C_3S} m_{C_3S} \Delta V_{C_3S} + \alpha_{C_2S} m_{C_2S} \Delta V_{C_2S} + \alpha_{C_3A} m_{C_3A} \Delta V_{C_3A} + \alpha_{C_4AF} m_{C_4AF} \Delta V_{C_4AF}$$
$$(4.18)$$

式中，$\Delta V_{C_3S}$、$\Delta V_{C_2S}$、$\Delta V_{C_3A}$、$\Delta V_{C_4AF}$ 为单位质量（1 g）的 $C_3S$、$C_2S$、$C_3A$、$C_4AF$ 水化过程中各自产生的化学收缩；$m_{C_3S}$、$m_{C_2S}$、$m_{C_3A}$、$m_{C_4AF}$ 为单位质量（1 g）的硅酸盐水泥中参与反应的 $C_3S$、$C_2S$、$C_3A$、$C_4AF$ 的含量；$\alpha_{C_3S}$、$\alpha_{C_2S}$、$\alpha_{C_3A}$、$\alpha_{C_4AF}$ 为 $C_3S$、$C_2S$、$C_3A$、$C_4AF$ 的水化程度。

通过计算分别得到 $C_3S$、$C_2S$、$C_3A$、$C_4AF$ 理论上的化学收缩值分别为 $\Delta V_{C_3S}$ =47.8 mm³/g；$\Delta V_{C_2S}$ =34.7 mm³/g；$\Delta V_{C_3A}$ =131.8 mm³/g；$\Delta V_{C_4AF}$ =37.44 mm³/g。为了得到 $t$ 时刻的化学收缩值，还必须得到 $t$ 时刻各相矿物成分的水化程度。

### 4.3.3 各相矿物成分的水化动力学方程

根据文献[167],水泥各相矿物成分的水化动力学方程可以表示为:

$$\frac{d\alpha}{dt} = \frac{A(\alpha)}{\tau_X(T)} \quad (4.19)$$

式中,$A(\alpha)$为水化过程中的化学结合力,$\tau_X(T)$为各相矿物成分的水化反应的特征时间,$A(\alpha)$、$\tau_X(T)$可以用式(4.20)和式(4.21)表示

$$A(\alpha) = \frac{1-(\alpha-\alpha_0)}{\left\{-\ln[1-(\alpha-\alpha_0)]\right\}^{\frac{1}{k}-1}} \quad (4.20)$$

$$\tau_X(T) = \tau_X(T_0)\exp\left[\frac{E_{aX}}{R}\left(\frac{1}{T_0}-\frac{1}{T}\right)\right] \quad (4.21)$$

式中,$\alpha_0$为各相矿物成分的初始水化程度,$\tau_X(T_0)$为常温下(20 ℃)水化反应的特征时间,$E_{aX}$为各相矿物成分的表面活化能,$R$为Avogadro常数,$T$为绝对温度。各相矿物成分水化动力学参数取值见表4.3。

表4.3 水泥各相矿物成分水化动力学参数

| 各相矿物成分 | 水灰比($w/c$) | 水化反应特征时间 $\tau_X(T_0)$ | $k$ | 初始水化程度 $\alpha_0$ | 表面活化能(kJ/mol) |
|---|---|---|---|---|---|
| $C_3S$ | 0.3 | 13.5 | 1.86 | 0.02 | 37.39 |
|  | 0.4 | 12.7 | 1.78 |  |  |
|  | 0.5 | 11.9 | 1.72 |  |  |
| $C_2S$ | 0.3 | 71.2 | 1.10 | 0.00 | 20.78 |
|  | 0.4 | 65.3 | 1.04 |  |  |
|  | 0.5 | 60.9 | 0.96 |  |  |
| $C_3A$ | 0.3 | 57.7 | 1.14 | 0.04 | 35.71 |
|  | 0.4 | 53.4 | 1.06 |  |  |
|  | 0.5 | 49.2 | 1.00 |  |  |

续表

| 各相矿物成分 | 水灰比($w/c$) | 水化反应特征时间$\tau_X(T_0)$ | $k$ | 初始水化程度$\alpha_0$ | 表面活化能(kJ/mol) |
|---|---|---|---|---|---|
| C$_4$AF | 0.3 | 27.0 | 2.44 | 0.4 | 34.90 |
|  | 0.4 | 23.9 | 2.38 |  |  |
|  | 0.5 | 21.4 | 2.30 |  |  |

根据式(4.19)~式(4.21)及表4.3中的材料参数,可以绘出水泥各相矿物成分在常温下(20 ℃)的水灰比分别为0.3、0.4、0.5的水化速率随水化程度的关系曲线图,如图4.6~图4.9所示。

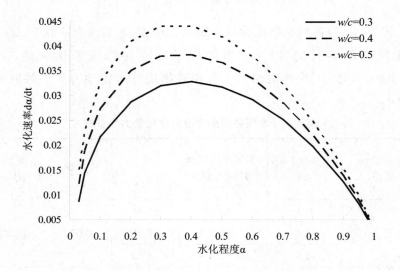

图4.6 C$_3$S在不同水灰比下的水化速率曲线

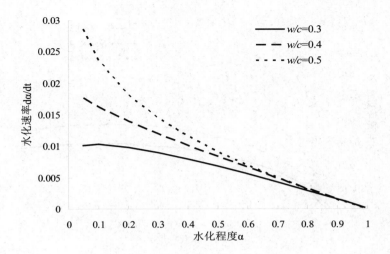

图 4.7　$C_2S$ 在不同水灰比下的水化速率曲线

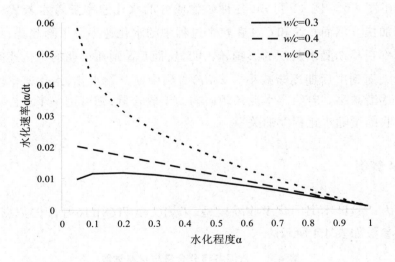

图 4.8　$C_3A$ 在不同水灰比下的水化速率曲线

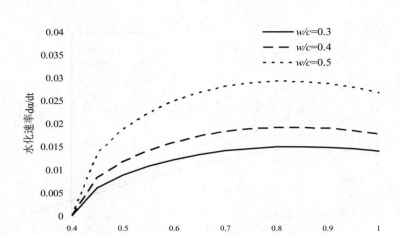

图 4.9 $C_4AF$ 在不同水灰比下的水化速率曲线

由图 4.6 ~ 图 4.9 可知,各种矿物成分的水化速率随着水灰比的增大而加快。然而 $C_2S$ 和 $C_3A$ 在整个过程中的水化速率呈下降趋势,且水化速率在早期受水灰比的影响较为明显,而 $C_3S$ 则在早期的水化速率逐渐增大而到中后期逐渐减小。$C_4AF$ 直到中期开始水化,水化速率增大后又逐渐减小。若给定水泥各相矿物的组成含量,则可进一步求得水泥化学收缩量随水化程度的关系。

### 4.3.4 算例

为了验证本书的化学收缩模型,采用文献 [168][169] 中的数据,其试验参数如表 4.4 所示。

表 4.4 水泥各组分含量与材料常数

| 水泥组别 | 水泥各组分含量 | | | |
|---|---|---|---|---|
| | $C_3S$(%) | $C_2S$(%) | $C_3A$(%) | $C_4AF$(%) |
| A[142] | 70.15 | 7.77 | 3.81 | 5.95 |
| B[142] | 53.1 | 25.9 | 6.9 | 9.7 |
| C[143] | 71.6 | 10.9 | 3.7 | 10.7 |
| D[143] | 56.7 | 17.2 | 6.7 | 7.9 |

（1）常温下不同水灰比下的化学收缩曲线分析

将表 4.4 的数据代入式（4.18），并根据式（4.19）~式（4.21），分别绘出 $A$、$B$ 两组水泥分别在常温下且水灰比为 0.3、0.4、0.5 的化学收缩曲线，并与文献[168]试验数据比较，分别如图 4.10 和图 4.11 所示。

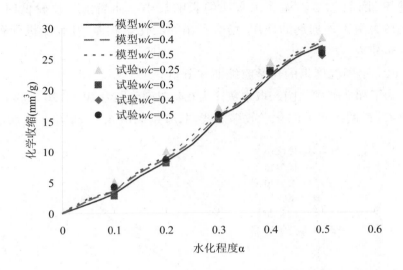

图 4.10　A 组水泥在不同水灰比下的化学收缩曲线

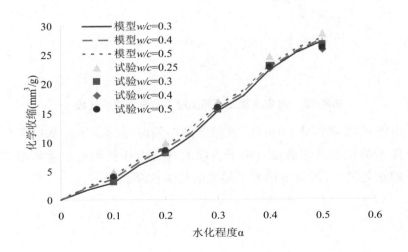

图 4.11　B 组水泥在不同水灰比下的化学收缩曲线

由图 4.10 和图 4.11 可知,该模型能够较好地模拟水泥基材料在水灰比为 0.3 ~ 0.5 情况下的早期化学收缩。在水化初期,由于水灰比的增大会加速各相矿物成分的水化进程,因而也增大了早期的化学收缩,到了水化中期,由于水灰比的增大不能显著增大各相矿物成分的水化速率,因而化学收缩受水灰比的影响较小。而当水灰比较低时($w/c=0.25$),由于外加剂的使用,增大了早期的化学收缩,其收缩机理有待进一步研究。

（2）不同温度下的化学收缩曲线分析

为了和文献[169]比较,取水灰比为 0.4,温度分别为 10 ℃、20 ℃、40 ℃,作出 $C$、$D$ 两组水泥的化学收缩曲线图,分别如图 4.12 和图 4.13 所示。

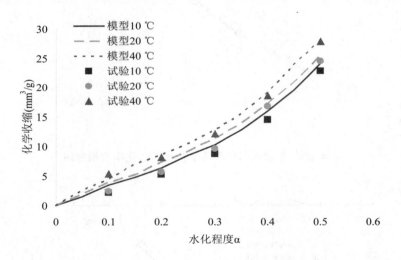

图 4.12　A 组水泥在不同温度下的水化速率曲线

由图 4.12 和图 4.13 可知,该模型能够较好地模拟水泥基材料在不同温度下的化学收缩曲线。由于温度的升高能够显著地加速各相矿物成分的水化进程,因而也增大了早期的化学收缩。

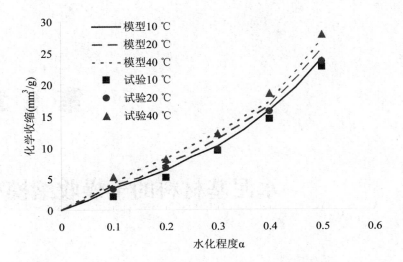

图 4.13　B 组水泥在不同温度下的水化速率曲线

# 第 5 章

# 水泥基材料的干燥收缩模型

水泥基材料微观结构的相应特性决定其宏观性能,因此对其微观结构的研究吸引了越来越多人的关注。硬化中的水泥浆体一般由未水化水泥颗粒、C-S-H 凝胶体、氢氧钙石和毛细孔洞组成,而其微观结构由于水泥化学组成成分、水灰比及外加剂的使用而发生变化。在国外,Farshad 等[170]通过大量试验分析了减缩剂含量对水泥浆体孔隙结构的影响,然而未对减缩剂的减缩机理进行研究。Gao Peiwei 等[171]的研究发现,适量掺量的磷渣粉末能够增大 C-S-H 凝胶体的含量,减少有害微观孔洞(孔径大于 100 nm)的形成,从而改善水泥浆体的微观结构和耐久性。Pietro 等[172]的研究表明,相对湿度的降低会促进毛细孔洞的形成,从而影响水泥浆体的微观结构,降低混凝土的耐久性。S.Igarashi 等[173]通过 MIP 法和 BSE 的观测发现,随着水化反应的进行,低水灰比情况下的大毛细孔将会分割成多个小毛细孔,而小毛细孔逐步消失;而高水灰比情况下的大毛细孔则继续留在水泥浆体中,因而导致其强度较低。在国内,张国防[174]等研究了掺入乙烯基可再分散聚合物(VRP)对水泥水化产物的影响,发现 VRP 能够显著延迟 C-S-H 凝胶的生成时间,降低其含量,影响其结构和形貌。潘莉莎[175]等通过大量试验研究了分别掺入木素磺酸钙、改性木素磺酸钙、氨基磺酸甲醛缩合物、萘磺酸甲醛缩合物和三聚氰胺脲醛树脂 5 种不同类型减水剂的水泥石在不同龄期时的微观形貌,通过对比分析了水泥水化形成产物的过程受减

# 第5章

## 水泥基材料的干燥收缩模型

水剂的影响程度。杨建明等[176]研究了一定掺量范围内的缓凝剂硼砂有明显的吸热降温和调节 PH 值作用,可以减慢水泥浆体的水化速率,进而影响其微观结构形貌和强度。韩建国[177]等的研究表明,锂化合物的掺入会加速硫铝酸盐水泥水化产物的生成速率,加速硫铝酸盐水泥的凝结。

以上大多是基于对水化过程中水泥浆体内部孔隙结构的试验观测。由观测结果得出,随着水化反应的继续进行,水化产物在毛细孔洞周围堆积挤压,孔洞体积减小,浆体体积收缩。同时,有研究者[178]在观测发现水泥早期的干燥循环过程中,水泥浆体内部的毛细孔洞消失了,但未对其为何消失作深入分析,我们推测毛细孔是由于失稳坍塌而消失的。由于毛细孔洞的坍塌会引起水泥浆体的收缩,因而本章研究的目的是探讨毛细孔洞坍塌的机理,从而用理论来指导减小水泥基材料早期干燥收缩的措施。在扫描电镜下,水泥浆体呈现的图像如图 5.1 所示。为分析需要,将其简化为图 5.2 所示的模型。

图 5.1 水泥水化 ESEM 照片(2000×)

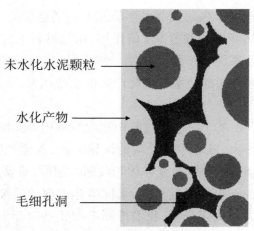

未水化水泥颗粒

水化产物

毛细孔洞

图 5.2　二维水泥水化模型示意图

## 5.1　C-S-H 凝胶体内纳米孔二维不饱和水状态下的稳定性分析

### 5.1.1　含孔洞的无限大体弹性力学解

为简化计算,我们假定毛细孔洞为椭圆形状,周围包裹着 C-S-H 凝胶体,且孔隙内充满水,液面的直径为 $d$,液面的接触角为 $\theta$,上部有一微小无水区域,如图 5.3 所示。因而整个毛细孔受到负压作用,我们将其简化为均布荷载 $q$,这样,就将问题转化为二维平面应变应变情况下的毛细孔失稳情况。力学模型如图 5.4 所示,无限弹性平面含长、短半轴为 $a$、$b$ 的椭圆形孔,孔周边作用均布法向荷载 $q$,由保角映射函数[179]。

# 第 5 章
## 水泥基材料的干燥收缩模型

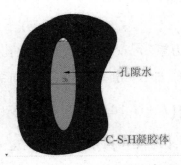

图 5.3 饱和水状态下的毛细孔洞模型示意图

$$z = \omega(\zeta) = R(\frac{1}{\zeta} + m\zeta) \quad (5.1)$$

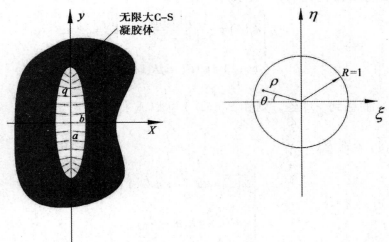

图 5.4 饱和孔隙水毛细孔洞力学模型图

将 $z$ 平面椭圆孔外映射至 $\zeta$ 平面上的中心单位圆，其中 $\zeta = \xi + \mathrm{i}\eta$，如图 5.4 所示，实数 $R$ 和 $m$ 分别为

$$R = \frac{a+b}{2}, m = \frac{a-b}{a+b} \quad (5.2)$$

面力分量为

$$\begin{cases} \overline{f_x} = q(N,x) = lq \\ \overline{f_y} = q(N,y) = mq \end{cases} \quad (5.3)$$

因而面力矢量为

$$\overline{f_x} + i\overline{f_y} = q(l + im) \qquad (5.4)$$

由于面力为平衡力系($\overline{F}_x = \overline{F}_y = 0$),且仅在孔口受有面力时,距孔口很远处的面力趋于零,即 $B = B' = C' = 0$,则 $f_0$ 可表示为

$$f_0 = i\int \left(\overline{f_x} + i\overline{f_y}\right) ds = q\int dz = qz = qR(\frac{1}{\zeta} + m\zeta) \qquad (5.5)$$

在边界上有 $\rho = 1$,因而 $\zeta = \rho e^{i\theta} = e^{i\theta}$,引用记号 $\sigma = e^{i\theta}$,则式(5.5)化为

$$f_0 = qR(\frac{1}{\sigma} + m\sigma) \qquad (5.6)$$

则函数 $\phi_0(\zeta)$、$\psi_0(\zeta)$ 可表示为

$$\begin{cases} \phi_0(\zeta) = \dfrac{1}{2\pi i}\int_\sigma \dfrac{f_0 d\sigma}{\sigma - \zeta} = \phi(\zeta) = qRm\zeta \\ \psi_0(\zeta) = \psi(\zeta) = qR(1+m^2)\dfrac{\zeta}{1-m\zeta^2} \end{cases} \qquad (5.7)$$

注意到 $\overline{\zeta} = \dfrac{\rho^2}{\zeta}$,则由式(5.1)可以求得应力分量 $\overline{\omega(\zeta)}$、$\omega'(\zeta)$、$\overline{\omega'(\zeta)}$ 分别为

$$\begin{cases} \overline{\omega(\zeta)} = R(\dfrac{\zeta}{\rho^2} + m\dfrac{\rho^2}{\zeta}) \\ \omega'(\zeta) = R(m - \dfrac{1}{\zeta^2}) \\ \overline{\omega'(\zeta)} = R(m - \dfrac{\zeta^2}{\rho^4}) \end{cases} \qquad (5.8)$$

由式(5.7)可求得

$$\begin{cases} \varphi'(\zeta) = qRm \\ \psi'(\zeta) = \dfrac{qR(1+m^2)(1+m\zeta^2)}{(1-m\zeta^2)^2} \end{cases} \qquad (5.9)$$

于是

$$\begin{cases} \Phi(\zeta) = \dfrac{\varphi'(\zeta)}{\omega'(\zeta)} = -\dfrac{qm\zeta^2}{1-m\zeta^2} \\ \Psi(\zeta) = \dfrac{\psi'(\zeta)}{\omega'(\zeta)} = -\dfrac{qm(1+m^2)\zeta^2(1+m\zeta^2)}{(1-m\zeta^2)^3} \end{cases} \qquad (5.10)$$

## 5.1.2 能量

系统的 Gibbs 自由能可表示为

$$G = U + W + \gamma L + qS \qquad (5.11)$$

其中，$U$ 表示基体变形能，$U = \frac{1}{2}\int_{\partial u} \underline{t}\underline{u}\mathrm{d}s = \frac{1}{2}\int \sigma\varepsilon \mathrm{d}V$，$W$ 表示孔洞表面力势能，$W = -\int_{\partial u}\underline{t}\underline{u}\mathrm{d}s = -\int \sigma\varepsilon \mathrm{d}V$，$\gamma L$ 表示孔隙表面自由能，$qS$ 表示孔隙压缩势能。其中，$t$ 为边界上的位移矢量、$u$ 为面力矢量，$\gamma$ 为水的表面自由能，$L$ 为单位厚度的椭圆环体积，$S$ 为单位厚度的椭圆柱体体积。

$$\begin{aligned}U + W &= \frac{1}{2}\int \sigma\varepsilon \mathrm{d}V - \int \sigma\varepsilon \mathrm{d}s = -\frac{1}{2}\int (\overline{f_x}u_x + \overline{f_y}u_y)\mathrm{d}s \\ &= -\frac{1}{2}\int \mathrm{Re}[(\overline{f_x} - \mathrm{i}\overline{f_y})(u_x + \mathrm{i}u_y)]\mathrm{d}s\end{aligned} \qquad (5.11)$$

根据文献 [181]

$$\frac{E}{1+\mu}(u_x + \mathrm{i}u_y) = \frac{3-\mu}{1+\mu}\phi(\zeta) - \frac{\omega(\zeta)}{\overline{\omega'(\zeta)}}\overline{\phi'(\zeta)} - \overline{\psi(\zeta)} \qquad (5.12)$$

$$(\overline{f_x} - \mathrm{i}\overline{f_y})\mathrm{d}s = q(l - \mathrm{i}m)\mathrm{d}s = \mathrm{i}q(\mathrm{d}x - \mathrm{i}\mathrm{d}y) = \mathrm{i}q\mathrm{d}\overline{z} \qquad (5.13)$$

其中，$\overline{z} = \overline{\omega(\zeta)}$。

将式（5.8）~式（5.10）代入式（5.12）和式（5.13），并注意到边界条件 $\rho = 1$，得到

$$\mathrm{Re}(\overline{f_x} - \mathrm{i}\overline{f_y})(u_x + \mathrm{i}u_y) =$$

$$\frac{q^2 R^2(1+\mu)}{E} \times \begin{cases}(\mu-3)(m^2 - m\sin 2\theta) + (m^3 - m^2)\sin 2\theta \\ -2m^2 + m^2\sin 4\theta + (1+m^2)(m^2\sin 2\theta - m)\end{cases} \qquad (5.14)$$

由于 $R = \dfrac{a}{1+m}$，则式（5.11）转化为

$$\begin{aligned}U + W &= -\frac{1}{2}\int_0^{2\pi} \frac{q^2 a^2(1+\mu)}{E(1+m)^2} \times \begin{cases}(\mu-3)(m\sin 2\theta - m^2) + (m^3 - m)\sin 2\theta \\ -2m^2 + m^2\sin 4\theta + (1+m^2)(m^2\sin 2\theta - m)\end{cases}\mathrm{d}\theta \\ &= \frac{q^2 b^2(1+\mu)\pi}{E}\left[\frac{(3-\mu)m^2}{(1+m)^2} + \frac{m}{2}\right]\end{aligned} \qquad (5.15)$$

椭圆的周长公式为

$$L = 4a\int_0^{\frac{\pi}{2}}\sqrt{1-e^2\sin^2 t}\,dt \quad (5.16)$$

式中，$e$ 为椭圆的离心率，$e = \dfrac{c}{a} = \dfrac{\sqrt{a^2-b^2}}{a}$，对上式进行泰勒展开，并略去高阶项，近似得到椭圆的周长公式为

$$L = \pi(a+b)\left(1 + \frac{m^2}{4} + \frac{m^4}{64}\right) = \frac{2\pi a}{1+m}\left(1 + \frac{m^2}{4} + \frac{m^4}{64}\right) \quad (5.17)$$

则式（5.11）进一步化为

$$G = \frac{q^2 a^2(1+\mu)\pi}{E}\left[\frac{(3-\mu)m^2}{(1+m)^2} + \frac{m}{2}\right] + \frac{2\pi\gamma a}{1+m}\left(1 + \frac{m^2}{4} + \frac{m^4}{64}\right) + \frac{q\pi a^2(1-m)}{1+m} \quad (5.18)$$

该函数 $G(m,a)$ 是关于形状参数 $a$ 和 $m$ 的二元函数。

### 5.1.3 参数分析

如图 5.3 所示，假定孔隙水液面的直径为 $r$，令 $k = \dfrac{b}{r}$，根据文献 [182,183]，可得液面的毛细张力 $q$ 为

$$q = \frac{2\gamma}{r\cos\theta} = \frac{2k\gamma}{r\cos\theta}\ (1 < k < 1000) \quad (5.19)$$

根据文献 [159-161]，取水化产物的弹性模量 $E=22.4$ GPa，$\gamma = 72.28$ mN/m，$\mu=0.3$，$\theta$ 的范围为（$4.7° \leqslant \theta \leqslant 13.4°$），为简化计算，这里取 $\theta=10°$。令 $a$ 的单位为 nm（$10^{-9}$m）得，并取 $k=100$（即孔隙水趋于饱和状态）：

$$G(m,a) = \frac{4.83(m^3 - 0.7m^2 + m)}{(1-m)^2} + \frac{0.1456a}{1+m}\left(1 + \frac{m^2}{4} + \frac{m^4}{64}\right) + 7.28\pi a \quad (5.20)$$

（1）Gibbs 自由能随长轴 $a$ 的变化关系

分别取 $a = 0.1$ nm，$0.5$ nm，$1$ nm，$10$ nm，$50$ nm，$100$ nm 时，画出对应的孔洞的 Gibbs 自由能曲线随 $m$（$0 < m < 1$）的变化曲线，如图 5.5 和图 5.6 所示。

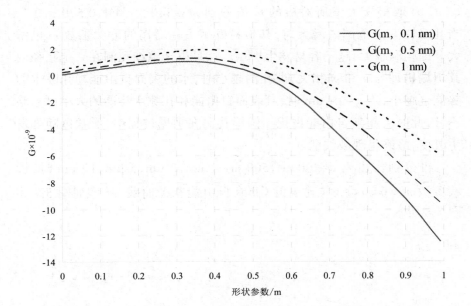

图 5.5　自由能随 m 变化曲线（$a$=0.1 nm, 0.5 nm, 1 nm）

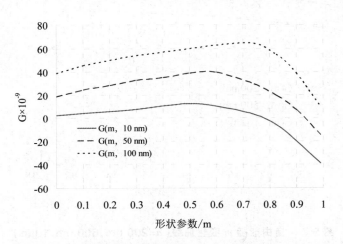

图 5.6　自由能随 $m$ 变化曲线（$a$=10 nm, 50 nm, 100 nm）

由图 5.5、图 5.6 整体图像趋势可见，$G(m,a)$ 自由能曲线在一定范围内存在上升与下降的趋势，整体来看是下降。在上升段中，$G(m,a)$ 自由能曲线是稳定的，而越过极值点后，$G(m,a)$ 不稳定且孔洞容易发生失稳坍塌。当 $a$=0.1 nm, 0.5 nm, 1 nm, 10 nm, 50 nm, 100 nm 时，

$G(m, a)$ 取得极大值所对应的 $m$ 值分别为 $0.3, 0.35, 0.4, 0.5, 0.6, 0.7$。当孔径在一定范围内增大时,其最易发生失稳坍塌的形状参数 $m$ 也增大。即孔洞越大,越不容易发生坍塌。这是由于毛细孔洞在一定孔径内其坍塌机理与 $a$ 和 $m$ 相关,即孔洞越小时,水的表面自由能和孔隙水的势能也越小,当 $a<0.1$ nm 时,其表面自由能和孔隙水势能的大小可忽略不计,此时吉布斯自由能占优。圆形孔洞在坍塌过程中,形状也随之发生改变,最终呈现裂纹状。

再分别作出当 $a=200$ nm, $500$ nm, $1$ μm, $2$ μm, $5$ μm, $10$ μm 时,形状参数 $m$（$0<m<1$）与孔洞的 Gibbs 自由能相关曲线,具体如图 5.7 和图 5.8 所示。

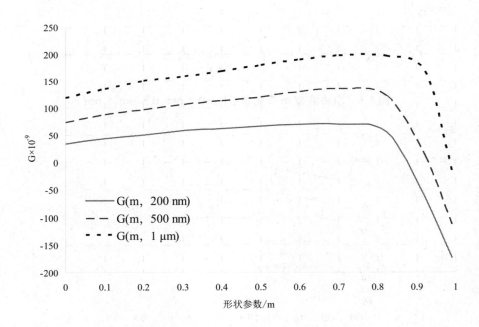

图 5.7 自由能随 $m$ 变化曲线（$a=200$ nm, $500$ nm, $1$ μm）

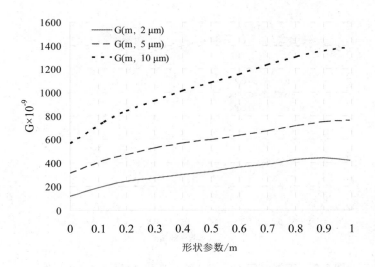

图 5.8　自由能随 $m$ 变化曲线（$a=2\ \mu m, 5\ \mu m, 10\ \mu m$）

由图 5.7 和图 5.8 可见，当 $a$ 增大至 100 nm 以上时，其发生坍塌的形状参数增大至 0.8 以上，而当 $a$ 增大至 μm 量级后，由于水的表面自由能的增大，吉布斯自由能则相对较小。要使得孔洞坍塌需要较大的能量，其形状参数已经接近 1，即为裂纹状态，即孔洞增大进入 μm 量级后，其发生坍塌的可能性很小。

（2）Gibbs 自由能随水化产物弹性模量 $E$ 的变化关系

水化产物随着水化程度的不断深入，其弹性模量也将变得越来越大，当 $E$ 为 20 Gpa、40 Gpa、60 Gpa，分别作出 $a=1$ nm 和 10 nm 两种不同情况下的 $G$ 随 $m$ 的关系曲线，具体如图 5.9 和图 5.10 所示。

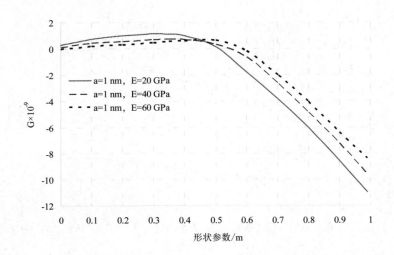

图 5.9　不同 $E$ 下 $G(m,a)$ 随 $m$ 变化曲线（$a$=1 nm）

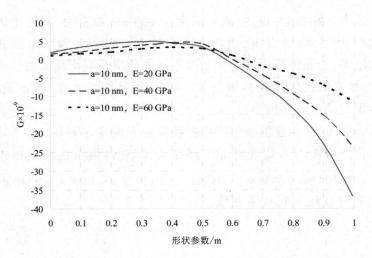

图 5.10　不同 $E$ 下 $G(m,a)$ 随 $m$ 变化曲线（$a$=10 nm）

由图 5.9 和图 5.10 可见,当 $a$=1 nm,$E$=20 GPa,40 GPa,60 GPa 时,$G(m,a)$ 取得极大值所对应的 $m$ 值分别为 0.3,0.35,0.4。当 $a$=10 nm,$E$=20 GPa,40 GPa,60 GPa 时,$G(m,a)$ 取得极大值所对应的 m 值分别为 0.4,0.45,0.5。即当孔径一定时,水化产物的弹性模量越大,越不容易发生坍塌。这是因为即增大水化产物的弹性模量会减小孔洞的 Gibbs 自由能,而水的表面自由能和孔隙水的势能没有发生变化。

## 5.2　C–S–H 凝胶体内纳米孔在二维不饱和水状态下的稳定性分析

由于在水化过程中,水是不断被消耗的,因而孔隙水的含量通常是不饱和的,其含量会随着水化程度的增大而不断减小的,这里我们假定孔隙水的形状如图 5.11 所示。

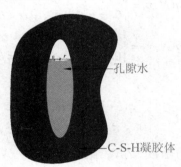

图 5.11　不饱和水状态下的毛细孔洞模型示意图

### 5.2.1　含孔洞的无限大体弹性力学解

为简化计算,孔隙的下部充满水,由于毛细力的作用,因而孔洞下部周边受到均布法向荷载 $q$,液面直径为 $d$,液面最高点与椭圆中心的连线与 $y$ 负半轴的夹角为 $\alpha$,如图 5.12 所示。

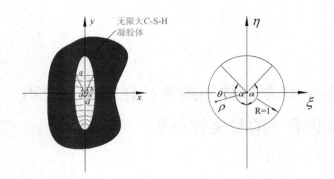

图 5.12　不饱和孔隙水毛细孔洞力学模型图

面力分量为

$$\begin{cases} \overline{f}_x = q(N,x) = \begin{cases} lq, & -\alpha \leq \theta \leq \alpha \\ 0, & -\pi \leq \theta < \alpha \text{或} \alpha < \theta \leq \pi \end{cases} \\ \overline{f}_y = q(N,y) = \begin{cases} mq, & -\alpha \leq \theta \leq \alpha \\ 0, & -\pi \leq \theta < \alpha \text{或} \alpha < \theta \leq \pi \end{cases} \end{cases} \quad (5.21)$$

因而面力矢量为

$$\overline{f}_x + i\overline{f}_y = \begin{cases} q(l + im), & -\alpha \leq \theta \leq \alpha \\ 0, & -\pi \leq \theta < \alpha \text{或} \alpha < \theta \leq \pi \end{cases} \quad (5.22)$$

将 $\overline{f}_x + i\overline{f}_y$ 表示为函数 $F(q)$，于是

$$\begin{aligned} \left(\overline{f}_x + i\overline{f}_y\right) ds &= -F(q)(lds + mds) = -F(q)(dy - idx) \\ &= iF(q)(dx + idy) = iF(q)dz \end{aligned} \quad (5.23)$$

面力在 $x$ 方向为平衡力系（$\overline{F}_x = 0$），$y$ 方向虽然为不平衡力系，然而仅当孔口受有面力时，距孔口很远处的面力仍然趋于零，即 $B = B' = C' = 0$，则 $f_0$ 可表示为

$$f_0 = i\int \left(\overline{f}_x + i\overline{f}_y\right) ds = -\int F(q) dz \quad (5.24)$$

为了简化计算，将 $F(q)$ 展开为傅里叶级数，$F(q)$ 可以表示为

$$F(q) = \int_{-\pi}^{\pi} q(\theta) d\theta = \frac{a_0}{2} + \sum_{n=1}^{\infty} \left(a_n \cos n\theta + b_n \sin n\theta\right) \quad (5.25)$$

其中，$a_0 = \frac{1}{\pi} \int_{-\pi}^{\pi} q d\theta = 2q$；

$$a_n = \frac{1}{\pi}\int_{-\alpha}^{\alpha} q\cos n\theta \mathrm{d}\theta = \frac{2q\sin n\alpha}{n\pi};$$

$$b_n = \frac{1}{\pi}\int_{-\alpha}^{\alpha} q\sin n\theta \mathrm{d}\theta = 0。$$

即 $F(q)$ 的傅里叶级数形式为

$$F(q) = q + \sum_{n=1}^{\infty} \frac{2q\sin n\alpha \cos n\theta}{n\pi} \qquad (5.26)$$

为了计算式(5.26)，将 $F(q)$ 进一步表示为傅里叶级数的复数形式：

$$F(q) = q + 2\sum_{n=1}^{\infty} c_n e^{\mathrm{i}n\theta} \qquad (5.27)$$

其中，$c_0 = \frac{a_0}{2} = q$；$c_n = c_{-n} = \frac{a_n}{2} = \frac{q\sin n\alpha}{n\pi}$。

在边界上有 $\rho = 1$，因而 $\zeta = \rho e^{\mathrm{i}\theta} = e^{\mathrm{i}\theta}$，$\zeta^n = e^{\mathrm{i}n\theta}$，因而

$$F(q) = q + 2\sum_{n=1}^{\infty} \frac{q\sin n\alpha}{n\pi}\zeta^n \qquad (5.28)$$

将式(5.28)代入式(5.24)，并注意到 $z = \omega(\zeta) = R(\frac{1}{\zeta} + m\zeta)$，得到

$$\begin{aligned}
f_0 &= -\int \left( q + 2\sum_{n=1}^{\infty} \frac{q\sin n\alpha}{n\pi}\zeta^n \right) \mathrm{d}\left[ R\left(\frac{1}{\zeta} + m\zeta\right) \right] \\
&= qR\left(\frac{1}{\zeta} + m\zeta\right) + 2\sum_{n=1}^{\infty} \frac{qR\sin n\alpha}{n\pi}\int \zeta^n \left(-\frac{1}{\zeta^2} + m\right)\mathrm{d}\zeta \\
&= qR\left(\frac{1}{\zeta} + m\zeta\right) + 2\sum_{n=1}^{\infty} \frac{qR\sin n\alpha}{n\pi}\int \left(-\zeta^{n-2} + m\zeta^n\right)\mathrm{d}\zeta \\
&= qR\left(\frac{1}{\zeta} + m\zeta\right) + 2\left(-\ln\zeta + \frac{m\zeta^2}{2}\right)\frac{qR\sin\alpha}{\pi} + 2\left(-\frac{\zeta^{n-1}}{n-1} + \frac{m\zeta^{n+1}}{n+1}\right)\sum_{n=2}^{\infty}\frac{qR\sin n\alpha}{n\pi}
\end{aligned}$$

$$(5.29)$$

因为在边界上有 $\zeta = \sigma$，所以上式成为

$$f_0 = qR\left(\frac{1}{\sigma} + m\sigma\right) + 2\left(-\ln\sigma + \frac{m\sigma^2}{2}\right)\frac{qR\sin\alpha}{\pi} + 2\left(-\frac{\sigma^{n-1}}{n-1} + \frac{m\sigma^{n+1}}{n+1}\right)\sum_{n=2}^{\infty}\frac{qR\sin n\alpha}{n\pi}$$

$$(5.30)$$

根据柯西积分公式[181]，函数 $\phi_0(\zeta)$、$\varphi_0'(\zeta)$、$\psi_0(\zeta)$ 可表示为

$$\varphi_0(\zeta) = \varphi(\zeta) = \frac{1}{2\pi i}\int_\sigma \frac{f_0 d\sigma}{\sigma - \zeta}$$
$$= qRm\zeta + 2\left(-\ln\zeta + \frac{m\zeta^2}{2}\right)\frac{qR\sin\alpha}{\pi} + \left(-\frac{\zeta^{n-1}}{n-1} + \frac{m\xi^{n+1}}{n+1}\right)\sum_{n=2}^{\infty}\frac{2qR\sin n\alpha}{n\pi}$$
（5.31）

$$\varphi_0'(\zeta) = \varphi'(\zeta) = qRm + \left(-\frac{1}{\zeta} + m\zeta\right)\frac{2qR\sin\alpha}{\pi} + \left(-\zeta^{n-2} + m\zeta^n\right)\sum_{n=2}^{\infty}\frac{2qR\sin n\alpha}{\pi}$$
（5.32）

$$\psi_0(\zeta) = \psi(\zeta) = \frac{1}{2\pi i}\int_\sigma \frac{\overline{f_0}}{\sigma - \zeta} - \zeta\frac{\zeta^2 + m}{m\zeta^2 - 1}\varphi_0'(\zeta)$$
$$= \frac{qR(1+m^2)\zeta}{1-m\zeta^2} - (\zeta^2 + m)\frac{2qR\sin\alpha}{\pi} - (\zeta^{n+1} + m\zeta^{n-1})\sum_{n=2}^{\infty}\frac{2qR\sin n\alpha}{n\pi}$$
（5.33）

### 5.2.2 能量

系统的 Gibbs 自由能可表示为

$$G = U + W + \gamma L + qS \quad (5.34)$$

其中，$U$ 表示基体变形能，$W$ 表示孔洞表面力势能，$\gamma L$ 表示不饱和水孔隙的表面自由能，$qS$ 表示不饱和孔隙水的压缩势能；其中，$\gamma$ 为水的表面自由能，$L$ 为单位厚度的椭圆弧体积，$S$ 为单位厚度的椭圆弓形柱体体积。

仿照式（5.13）类似计算，得到

$$\left(\overline{f_x} - i\overline{f_y}\right)ds = iF(q)(dx - idy) = iF(q)d\bar{z} = iF(q)\overline{d\omega(\zeta)} = iF(q)\left(1 - \frac{m}{\zeta^2}\right)d\zeta$$
（5.35）

$$\mathrm{Re}\,\overline{(f_x - if_y)}(u_x + iu_y)ds = \frac{q^2 R^2(1+\mu)(3-\mu)}{2E}\times A + \frac{q^2 R^2(1+\mu)}{E}\times B$$
（5.36）

其中，$A$、$B$ 分别为

$$A = -m\sin 2\theta + \frac{(m^2 \sin\theta - m\sin 3\theta)\sin\alpha}{\pi} - \frac{m^2 \sin(n-2)\theta - m\sin n\theta}{n-1}\sum_{n=2}^{\infty}\frac{\sin n\alpha}{n\pi}$$

$$+ \frac{m^3 \sin n\theta - m^2 \sin(n+2)\theta}{n+1}\sum_{n=2}^{\infty}\frac{\sin n\alpha}{n\pi}$$

$$B = m^2 \sin 2\theta + \frac{(m\sin\theta + \sin 3\theta)\sin\alpha}{\pi} + \frac{m\sin(n-3)\theta + m^2 \sin(n-1)\theta}{n-1}\sum_{n=2}^{\infty}\frac{\sin n\alpha}{n\pi}$$

$$- \frac{m^2 \sin(n-1)\theta + m^3 \sin(n+1)\theta}{n+1}\sum_{n=2}^{\infty}\frac{\sin n\alpha}{n\pi}$$

则注意到 $R = \frac{a}{1+m}$，将式（5.35）和式（5.36）代入式（5.11）得

$$U + W = -\frac{q^2 a^2 (1+\mu)(3-\mu)}{4E(1+m)^2} \times \int_0^{2\pi} A \mathrm{d}\theta - \frac{1}{2}\frac{q^2 a^2 (1+\mu)}{E(1+m)^2} \times \int_0^{2\pi} B \mathrm{d}\theta$$

$$= \frac{q^2 a^2 (1+\mu)\pi}{2E(1+m)^2}(3-\mu)\left[m^2 + \frac{(m^2-m)\sin\alpha}{\pi} - \left(\frac{m^2-m}{n-1} + \frac{m^3-m^4}{n+1}\right)\sum_{n=2}^{\infty}\frac{\sin n\alpha}{n\pi}\right]$$

$$+ \frac{q^2 a^2 (1+\mu)\pi}{2E}\left[m^2 + \frac{(m+1)\sin\alpha}{\pi} + \left(\frac{m^2+m}{n-1} - \frac{m^3+m^2}{n+1}\right)\sum_{n=2}^{\infty}\frac{\sin n\alpha}{n\pi}\right]$$

（5.37）

为了计算椭圆弧长 $L_1$，将其进行泰勒展开，并略去高阶项，近似得到椭圆弧长 $L_1$ 的近似计算公式为

$$L_1 = \begin{cases} 2a\alpha + \dfrac{(b^2-a^2)\alpha^3}{3a} + \left[\dfrac{a^2-b^2}{3a} - \dfrac{(a^2-b^2)^2}{4a^3}\right]\dfrac{\alpha^5}{5}, & 0 \leqslant \alpha \leqslant \dfrac{\pi}{2} \\[2ex] L - 2a(\pi-\alpha) - \dfrac{(b^2-a^2)(\pi-\alpha)^3}{3a} - \left[\dfrac{a^2-b^2}{3a} - \dfrac{(a^2-b^2)^2}{4a^3}\right]\dfrac{(\pi-\alpha)^5}{5}, & \dfrac{\pi}{2} < \alpha \leqslant \pi \end{cases}$$

（5.38）

式（5.38）可进一步化为

$$L_1 = \begin{cases} 2a\alpha - \dfrac{4ma}{3(1+m)^2}\alpha^3 + \left[\dfrac{4ma}{3(1+m)^2} - \dfrac{4m^2 a}{(1+m)^4}\right]\dfrac{\alpha^5}{5}, 0 \leq \alpha \leq \dfrac{\pi}{2} \\ \dfrac{2\pi a}{1+m}\left(1 + \dfrac{m^2}{4} + \dfrac{m^4}{64}\right) - 2a(\pi - \alpha) + \dfrac{4ma}{3(1+m)^2}(\pi - \alpha)^3 \\ \quad - \left[\dfrac{4ma}{3(1+m)^2} - \dfrac{4m^2 a}{(1+m)^4}\right]\dfrac{(\pi - \alpha)^5}{5}, \dfrac{\pi}{2} < \alpha \leq \pi \end{cases} \quad (5.39)$$

类似地，椭圆弓形面积 $S_1$ 的近似计算公式为

$$S_1 = \begin{cases} ab\alpha + \dfrac{(b^2 - a^2)b\alpha^3}{2a} + \left[\dfrac{(a^2 - b^2)b}{2a} - \dfrac{(a^2 - b^2)^2 b}{3a^3}\right]\dfrac{\alpha^5}{4}, 0 \leq \alpha \leq \dfrac{\pi}{2} \\ \pi ab - 2ab(\pi - \alpha) - \dfrac{b(b^2 - a^2)(\pi - \alpha)^3}{2a} \\ \quad - \left[\dfrac{(a^2 - b^2)b}{2a} - \dfrac{(a^2 - b^2)^2 b}{3a^3}\right]\dfrac{(\pi - \alpha)^5}{4}, \dfrac{\pi}{2} < \alpha \leq \pi \end{cases}$$

(5.40)

式（5.40）可进一步化为

$$S_1 = \begin{cases} \dfrac{(1-m)a^2 \alpha}{1+m} - \dfrac{2(1-m)a^2 \alpha^3}{(1+m)^3} \\ \quad + \left[\dfrac{(1-m)a^2}{2(1+m)^3} - \dfrac{4m^2(1-m)a^2}{3(1+m)^5}\right]\alpha^5, 0 \leq \alpha \leq \dfrac{\pi}{2} \\ \dfrac{\pi(1-m)a^2}{1+m} - \dfrac{(1-m)a^2(\pi - \alpha)}{1+m} + \dfrac{2(1-m)a^2(\pi - \alpha)^3}{(1+m)^3} \\ \quad - \left[\dfrac{(1-m)a^2}{2(1+m)^3} - \dfrac{4m^2(1-m)a^2}{3(1+m)^5}\right](\pi - \alpha)^5, \dfrac{\pi}{2} < \alpha \leq \pi \end{cases} \quad (5.41)$$

### 5.2.3 参数分析

（1）Gibbs 自由能随孔隙水饱和程度的变化关系

如图 5.12 所示，孔隙水的饱和程度会随着 $\alpha$ 的增大而增大。取水化产物的弹性模量 $E$=22.4 GPa，$\gamma$=72.28 mN/m，$\mu$=0.3，$\theta$=10°，$a$ 的单位为 nm，$n$=3，$\alpha$ 分别为 $\dfrac{\pi}{6}, \dfrac{\pi}{3}, \dfrac{\pi}{2}, \dfrac{2\pi}{3}, \dfrac{5\pi}{6}, \dfrac{11\pi}{12}, \dfrac{35\pi}{36}$，作出不饱和情况下的 Gibbs 自由能曲线随 $\alpha$ 的变化关系如图 5.13（a）~（g）所示。

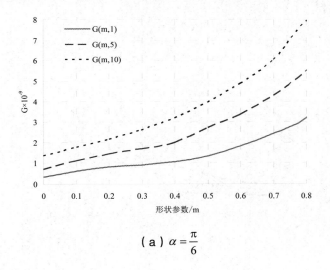

（a）$\alpha = \dfrac{\pi}{6}$

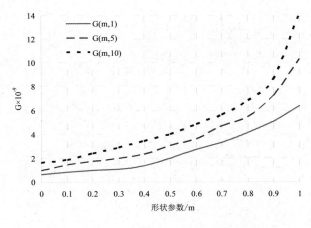

（b）$\alpha = \dfrac{\pi}{3}$

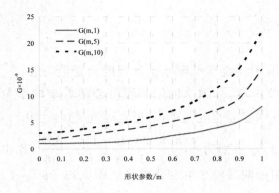

(c) $\alpha = \dfrac{\pi}{2}$

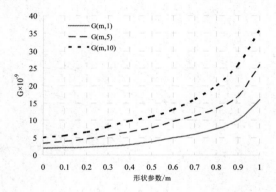

(d) $\alpha = \dfrac{2\pi}{3}$

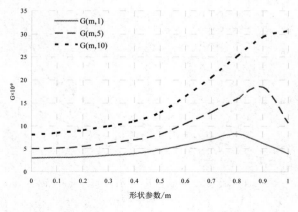

(e) $\alpha = \dfrac{5\pi}{6}$

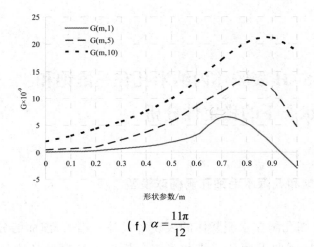

(f) $\alpha = \dfrac{11\pi}{12}$

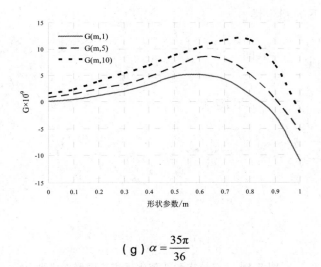

(g) $\alpha = \dfrac{35\pi}{36}$

**图 5.13　$G(m,a)$ 随 $\alpha$ 的变化曲线**

如图 5.13（a）~（d）所示，当 $\alpha$ 较小时，$G(m)$ 自由能曲线随 $m$ 的增大而增大，无极值点，说明孔隙中的水较少，不会发生失稳现象。随着 $\alpha$ 的增大，水越来越多，并趋于饱和，因而毛细力也越来越大，$G(m)$ 曲线由上升段越过极值点后 $G(m)$ 曲线开始下降，因而孔洞变得不稳定而容易发生坍塌。且随着 $\alpha$ 的增大，极值点出现时 $m$ 越来越小，即孔隙水越趋于饱和时，孔洞越容易发生失稳坍塌。而孔隙越圆，则越稳定不易发生坍塌。

## 5.3　C-S-H 凝胶体内纳米孔在三维饱和水状态下的稳定性分析

### 5.3.1　三维饱和孔隙水毛细孔洞椭球模型

由于毛细孔洞在水泥浆体的表现形式是三维的，前面的分析均为二维理论结果，因此下面从三维角度来分析 C-S-H 凝胶体内纳米孔在饱和水状态下的稳定性。

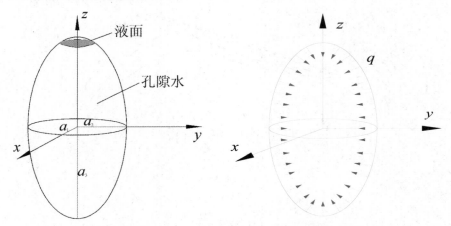

图 5.14　三维饱和孔隙水毛细孔洞椭球模型

如图 5.14 所示，有一椭球孔洞，周围覆盖了 C-S-H 凝胶体，且内部充满水，液面高度接近顶部，则根据毛细力原理，孔隙内部受均布法向荷载 $q$，因而该模型等价于 Eshelby 夹杂的特征值问题，如图 5.15 所示。

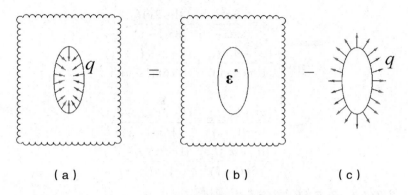

(a) (b) (c)

**图 5.15 Eshelby 夹杂的特征值问题**

在图 5.15（c）模型中，因边界为均匀法向均布力，其内部为均匀应力场 $\sigma = qI$，其中 $I$ 为二阶单位张量。在图 5.15（b）模型中，夹杂内的应力应等于（c）模型中椭球体内的应力，根据 Eshelby 夹杂理论，夹杂内的应力场为

$$\sigma = C:(S - I_4):\varepsilon^* \quad (5.42)$$

$I_4$ 为四阶单位张量，因此

$$qI = C:(S - I_4):\varepsilon^* \quad (5.43)$$

求出（b）模型中夹杂的等效特征应变

$$\varepsilon^* = qI:[C:(S - I_4)]^{-1} \quad (5.44)$$

孔洞周边的 C-S-H 凝胶可以视为各相同性弹性体，其弹性张量表示为 $C = \lambda I \otimes I + 2\mu I_4$，$C^{-1} = \dfrac{1}{2\mu}I_4 - \dfrac{v}{E}I \otimes I = \dfrac{1}{2\mu}I_4 - \dfrac{v}{2\mu(1+v)}I \otimes I$，$\lambda$ 和 $\mu$ 为拉梅常数，$E$、$v$ 分别为弹性模量和泊松比。假定椭球三个半轴的长度分别为 $a_1$，$a_2$，$a_3$，此时 Eshelby 张量的分量可表示为

$$S_{1111} = \frac{3a_1^2 I_{11}}{8\pi(1-v)} + \frac{(1-2v)I_1}{8\pi(1-v)},\ S_{1122} = \frac{a_2^2 I_{12}}{8\pi(1-v)} - \frac{(1-2v)I_1}{8\pi(1-v)},$$

$$S_{1133} = \frac{a_3^2 I_{13}}{8\pi(1-v)} - \frac{(1-2v)I_1}{8\pi(1-v)},\ S_{2211} = \frac{a_1^2 I_{12}}{8\pi(1-v)} - \frac{(1-2v)I_2}{8\pi(1-v)},$$

$$S_{2222} = \frac{3a_2^2 I_{22}}{8\pi(1-v)} + \frac{(1-2v)I_2}{8\pi(1-v)},\ S_{2233} = \frac{a_3^2 I_{23}}{8\pi(1-v)} - \frac{(1-2v)I_2}{8\pi(1-v)},$$

$$S_{3311} = \frac{a_1^2 I_{13}}{8\pi(1-v)} - \frac{(1-2v)I_3}{8\pi(1-v)},\ S_{3322} = \frac{a_2^2 I_{23}}{8\pi(1-v)} - \frac{(1-2v)I_3}{8\pi(1-v)},$$

$$S_{3333} = \frac{3a_3^2 I_{33}}{8\pi(1-v)} + \frac{(1-2v)I_3}{8\pi(1-v)},$$

$$S_{2323} = \frac{(a_2^2 + a_3^2)I_{23}}{16\pi(1-v)} + \frac{(1-2v)(I_2 + I_3)}{16\pi(1-v)},$$

$$S_{3131} = \frac{(a_1^2 + a_3^2)I_{23}}{16\pi(1-v)} + \frac{(1-2v)(I_1 + I_3)}{16\pi(1-v)},$$

$$S_{1212} = \frac{(a_1^2 + a_2^2)I_{12}}{16\pi(1-v)} + \frac{(1-2v)(I_1 + I_2)}{16\pi(1-v)}$$

令 $a_1 = a$,$a_2 = k_1 a$,$a_3 = k_2 a$,则有

$$S_{1111} = \frac{k_1 k_2 a^3}{4(1-v)} \int_0^\infty \frac{3a^2}{(a_1^2+s)^{5/2}\sqrt{a_2^2+s}\sqrt{a_3^2+s}} + \frac{1-2v}{(a_1^2+s)^{3/2}\sqrt{a_2^2+s}\sqrt{a_3^2+s}} ds$$

$$= \frac{k_1 k_2 a^3}{4(1-v)} \int_0^\infty \frac{3a^2}{(a^2+s)^{5/2}\sqrt{k_1^2 a^2+s}\sqrt{k_2^2 a^2+s}} + \frac{1-2v}{(a^2+s)^{3/2}\sqrt{k_1^2 a^2+s}\sqrt{k_2^2 a^2+s}} ds$$

$$S_{1122} = \frac{k_1 k_2 a^3}{4(1-v)} \int_0^\infty \frac{k_1^2 a^2}{(a_1^2+s)^{3/2}(a_2^2+s)^{3/2}\sqrt{a_3^2+s}} - \frac{1-2v}{(a_1^2+s)^{3/2}\sqrt{a_2^2+s}\sqrt{a_3^2+s}} ds$$

$$S_{1133} = \frac{k_1 k_2 a^3}{4(1-v)} \int_0^\infty \frac{k_2^2 a^2}{(a_1^2+s)^{3/2}\sqrt{a_2^2+s}(a_3^2+s)^{3/2}} - \frac{1-2v}{(a_1^2+s)^{3/2}\sqrt{a_2^2+s}\sqrt{a_3^2+s}} ds$$

$$S_{2211} = \frac{k_1 k_2 a^3}{4(1-v)} \int_0^\infty \frac{a^2}{(a_1^2+s)^{3/2}(a_2^2+s)^{3/2}\sqrt{a_3^2+s}} - \frac{1-2v}{\sqrt{a_1^2+s}(a_2^2+s)^{3/2}\sqrt{a_3^2+s}} ds$$

$$S_{2222} = \frac{k_1 k_2 a^3}{4(1-v)} \int_0^\infty \frac{3k_1^2 a^2}{\sqrt{a_1^2+s}(a_2^2+s)^{5/2}\sqrt{a_3^2+s}} + \frac{1-2v}{\sqrt{a_1^2+s}(a_2^2+s)^{3/2}\sqrt{a_3^2+s}} ds$$

$$S_{2233} = \frac{k_1 k_2 a^3}{4(1-v)} \int_0^\infty \frac{k_3^2 a^2}{\sqrt{a_1^2+s}(a_2^2+s)^{3/2}(a_3^2+s)^{3/2}} - \frac{1-2v}{\sqrt{a_1^2+s}(a_2^2+s)^{3/2}\sqrt{a_3^2+s}} ds$$

$$S_{3311} = \frac{k_1 k_2 a^3}{4(1-v)} \int_0^\infty \frac{a^2}{(a_1^2+s)^{3/2}\sqrt{a_2^2+s}(a_3^2+s)^{3/2}} - \frac{1-2v}{\sqrt{a_1^2+s}\sqrt{a_2^2+s}(a_3^2+s)^{3/2}} ds$$

$$S_{3322} = \frac{k_1 k_2 a^3}{4(1-v)} \int_0^\infty \frac{k_1^2 a^2}{\sqrt{a_1^2+s}(a_2^2+s)^{3/2}(a_3^2+s)^{3/2}} - \frac{1-2v}{\sqrt{a_1^2+s}\sqrt{a_2^2+s}(a_3^2+s)^{3/2}} ds$$

$$S_{3333} = \frac{k_1 k_2 a^3}{4(1-v)} \int_0^\infty \frac{3k_2^2 a^2}{\sqrt{a_1^2+s}\sqrt{a_2^2+s}(a_3^2+s)^{5/2}} + \frac{1-2v}{\sqrt{a_2^2+s}\sqrt{a_2^2+s}(a_3^2+s)^{3/2}} ds$$

$$S_{2323} = \frac{(a_2^2 + a_3^2)I_{23}}{16\pi(1-v)} + \frac{(1-2v)(I_2 + I_3)}{16\pi(1-v)} = \frac{k_1 k_2 a^3}{8(1-v)} \int_0^\infty \frac{(k_1^2 + k_2^2)a^2 \mathrm{d}s}{\sqrt{a_1^2 + s}(a_2^2 + s)^{3/2}(a_3^2 + s)^{3/2}}$$

$$+ \frac{1-2v}{\sqrt{a_1^2 + s}(a_2^2 + s)^{3/2}\sqrt{a_3^2 + s}} + \frac{1-2v}{\sqrt{a_1^2 + s}\sqrt{a_2^2 + s}(a_3^2 + s)^{3/2}} \mathrm{d}s$$

$$S_{3131} = \frac{(a_1^2 + a_3^2)I_{13}}{16\pi(1-v)} + \frac{(1-2v)(I_1 + I_3)}{16\pi(1-v)} = \frac{k_1 k_2 a^3}{8(1-v)} \int_0^\infty \frac{(1+k_2^2)a^2 \mathrm{d}s}{(a_1^2 + s)^{3/2}\sqrt{a_2^2 + s}(a_3^2 + s)^{3/2}}$$

$$+ \frac{1-2v}{(a_1^2 + s)^{3/2}\sqrt{a_2^2 + s}\sqrt{a_3^2 + s}} + \frac{1-2v}{\sqrt{a_1^2 + s}\sqrt{a_2^2 + s}(a_3^2 + s)^{3/2}} \mathrm{d}s,$$

$$S_{1212} = \frac{(a_1^2 + a_2^2)I_{12}}{16\pi(1-v)} + \frac{(1-2v)(I_1 + I_2)}{16\pi(1-v)} = \frac{k_1 k_2 a^3}{8(1-v)} \int_0^\infty \frac{(1+k_1^2)a^2 \mathrm{d}s}{(a_1^2 + s)^{3/2}(a_2^2 + s)^{3/2}\sqrt{a_3^2 + s}}$$

$$+ \frac{1-2v}{(a_1^2 + s)^{3/2}\sqrt{a_2^2 + s}\sqrt{a_3^2 + s}} + \frac{1-2v}{\sqrt{a_1^2 + s}(a_2^2 + s)^{3/2}\sqrt{a_4^2 + s}} \mathrm{d}s$$

则有

$$\begin{cases} I_1 = 2\pi a_1 a_2 a_3 \int_0^\infty \frac{\mathrm{d}s}{(a_1^2 + s)^{3/2}\sqrt{a_2^2 + s}\sqrt{a_3^2 + s}} \\ I_2 = 2\pi a_1 a_2 a_3 \int_0^\infty \frac{\mathrm{d}s}{\sqrt{a_1^2 + s}(a_2^2 + s)^{3/2}\sqrt{a_3^2 + s}} \\ I_3 = 2\pi a_1 a_2 a_3 \int_0^\infty \frac{\mathrm{d}s}{\sqrt{a_1^2 + s}\sqrt{a_2^2 + s}(a_3^2 + s)^{3/2}} \\ I_{11} = 2\pi a_1 a_2 a_3 \int_0^\infty \frac{\mathrm{d}s}{(a_1^2 + s)^{5/2}\sqrt{a_2^2 + s}\sqrt{a_3^2 + s}} \\ I_{12} = 2\pi a_1 a_2 a_3 \int_0^\infty \frac{\mathrm{d}s}{(a_1^2 + s)^{3/2}(a_2^2 + s)^{3/2}\sqrt{a_3^2 + s}} \\ I_{13} = 2\pi a_1 a_2 a_3 \int_0^\infty \frac{\mathrm{d}s}{(a_1^2 + s)^{3/2}\sqrt{a_2^2 + s}(a_3^2 + s)^{3/2}} \\ I_{22} = 2\pi a_1 a_2 a_3 \int_0^\infty \frac{\mathrm{d}s}{\sqrt{a_1^2 + s}(a_2^2 + s)^{5/2}\sqrt{a_3^2 + s}} \\ I_{23} = 2\pi a_1 a_2 a_3 \int_0^\infty \frac{\mathrm{d}s}{\sqrt{a_1^2 + s}(a_2^2 + s)^{3/2}(a_3^2 + s)^{3/2}} \\ I_{33} = 2\pi a_1 a_2 a_3 \int_0^\infty \frac{\mathrm{d}s}{\sqrt{a_1^2 + s}\sqrt{a_2^2 + s}(a_3^2 + s)^{5/2}} \end{cases}$$

令 $P_{ijkl} = C_{ijkl}^{-1}(S_{klmn} - I_{klmn})^{-1}$，根据式（5.44）有

$$\begin{bmatrix} \varepsilon_{11}^* \\ \varepsilon_{22}^* \\ \varepsilon_{33}^* \\ \varepsilon_{23}^* \\ \varepsilon_{31}^* \\ \varepsilon_{12}^* \end{bmatrix} = q \begin{bmatrix} P_{1111} + P_{2211} + P_{3311} \\ P_{1122} + P_{2222} + P_{3322} \\ P_{1133} + P_{2233} + P_{3333} \\ P_{1123} + P_{2223} + P_{3323} \\ P_{1131} + P_{2231} + P_{3331} \\ P_{1121} + P_{2212} + P_{3312} \end{bmatrix} \quad (5.45)$$

### 5.3.2 能量

系统的 Gibbs 自由能可表示为

$$G = U + W + \gamma S + qV \quad (5.46)$$

其中，$S$ 表示椭球表面积，$\gamma$ 表示水的表面自由能，$V$ 表示椭球的体积。

$$U = U_b - U_c = -\frac{1}{2} V_\Omega \boldsymbol{\sigma} : \boldsymbol{\varepsilon}^* + \frac{1}{2} V_\Omega \boldsymbol{\sigma} : \boldsymbol{\varepsilon}$$

$$W = -\int_{\partial s} \boldsymbol{t} \cdot \boldsymbol{u} \, \mathrm{d}V = -\int_{\partial s} n\boldsymbol{\sigma} \cdot \boldsymbol{u} \, \mathrm{d}V = -\int_V \mathrm{div}(\boldsymbol{\sigma} \cdot \boldsymbol{u}) \, \mathrm{d}V$$

$$= -\left[ \int_V \mathrm{div}(\boldsymbol{\sigma})\boldsymbol{u} + \boldsymbol{\sigma} : \nabla \otimes \boldsymbol{u} \right] \mathrm{d}V = -\int_{V-\Omega} \boldsymbol{\sigma} : \boldsymbol{\varepsilon} \, \mathrm{d}V$$

$$U + W = -\frac{1}{2} \int_{V-\Omega} \boldsymbol{\sigma} : \boldsymbol{\varepsilon} \, \mathrm{d}V = -\frac{1}{2} \left[ \int_V \boldsymbol{\sigma} : \boldsymbol{\varepsilon} \, \mathrm{d}V - \int_\Omega \boldsymbol{\sigma} : \boldsymbol{\varepsilon} \, \mathrm{d}V \right]$$

$$= -\frac{1}{2} (V\boldsymbol{\sigma} : \boldsymbol{\varepsilon}^* - V\boldsymbol{\sigma} : \boldsymbol{C}^{-1} : \boldsymbol{\sigma})$$

$$= -\frac{qV}{2} \boldsymbol{I} : \boldsymbol{\varepsilon}^* + \frac{q^2 V}{2} \boldsymbol{I} : \boldsymbol{C}^{-1} : \boldsymbol{I}$$

由于椭球的体积公式为

$$V = \frac{4\pi a_1 a_2 a_3}{3} = \frac{4 k_1 k_2 a^3}{3} \quad (5.47)$$

则有

$$U + W = -\frac{2\pi k_1 k_2 a^3 q}{3} (\boldsymbol{I} : \boldsymbol{\varepsilon}^* - q\boldsymbol{I} : \boldsymbol{C}^{-1} : \boldsymbol{I}) \quad (5.48)$$

对于椭球孔洞的表面积 $S$，其计算较为复杂。Legendre[187] 推导了著名的公式，然而该公式中含有复杂的椭圆积分项，使用起来不够方便；徐宏枢[188] 基于三轴椭球面的面积元推导得到了计算公式，该公式中也含有复杂的椭圆积分项，为便于使用他给出了一个近似表达式，然而通过数据验证，该计算公式的误差较大，无法满足一般应用的精度要

求;杨学祥[189]用泰勒级数展开得到了近似计算公式,该公式的形式也过于复杂。因此,本书采用了面积元的方式进行计算,在对椭圆积分时采用 Maple 数学软件将其幂级数展开后再计算,得到了精度较高,形式简单的实用公式,并且可以根据应用的需求来改变展开的阶次来得到不同精度的计算公式。

为了方便计算,计算过程中采用如下的球坐标参数方程:

$$\begin{cases} x = a\cos\alpha\cos\beta \\ y = k_1\cos\alpha\cos\beta \\ z = k_2\cos\alpha\cos\beta \end{cases} \quad (5.49)$$

根据对称性,只需计算第一卦限的表面积,采用文献[165]中给出的曲面面积积分公式:

$$S = \iint_D \sqrt{EF - G^2}\, d\alpha d\beta \quad (5.50)$$

式中:

$$E = \left(\frac{\partial x}{\partial \alpha}\right)^2 + \left(\frac{\partial y}{\partial \alpha}\right)^2 + \left(\frac{\partial z}{\partial \alpha}\right)^2 = a^2\sin^2\alpha\left(\cos^2\beta + k_1^2\sin^2\beta\right) + k_2^2 a^2\cos^2\alpha \quad (5.51)$$

$$F = \left(\frac{\partial x}{\partial \beta}\right)^2 + \left(\frac{\partial y}{\partial \beta}\right)^2 + \left(\frac{\partial z}{\partial \beta}\right)^2 = a^2\left(1 - k_1^2\right)\cos\alpha\cos\beta\sin\alpha\sin\beta \quad (5.52)$$

$$G = \frac{\partial^2 x}{\partial\alpha\partial\beta} + \frac{\partial^2 y}{\partial\alpha\partial\beta} + \frac{\partial^2 z}{\partial\alpha\partial\beta} = a^2\cos^2\alpha\left(\sin^2\beta + k_1^2\cos^2\beta\right) \quad (5.53)$$

则有:

$$\sqrt{EF - G^2} = k_1 a^2 \sqrt{\sin^2\alpha + k_2^2\cos^2\alpha\cos^2\beta + \frac{k_2^2}{k_1^2}\cos^2\alpha\sin^2\beta} \quad (5.54)$$

将式(5.54)带入式(5.50)得

$$S = 8\int_0^{\frac{\pi}{2}}\int_0^{\frac{\pi}{2}} k_1 a^2 \cos\alpha \sqrt{\sin^2\alpha + k_2^2\cos^2\alpha\cos^2\beta + \frac{k_2^2}{k_1^2}\cos^2\alpha\sin^2\beta}\, d\alpha d\beta \quad (5.55)$$

令 $t = \sqrt{EF - G^2}$,将其展开,取前三项,得到

$$t = k_1 a^2 \cos\alpha \left\{ \begin{array}{l} 1 + \dfrac{1}{2}\left(\sin^2\alpha + k_2^2\cos^2\alpha\cos^2\beta + \dfrac{k_2^2}{k_1^2}\cos^2\alpha\sin^2\beta - 1\right) \\ -\dfrac{1}{8}\left(\sin^2\alpha + k_2^2\cos^2\alpha\cos^2\beta + \dfrac{k_2^2}{k_1^2}\cos^2\alpha\sin^2\beta - 1\right)^2 \\ +\dfrac{1}{16}\left(\sin^2\alpha + k_2^2\cos^2\alpha\cos^2\beta + \dfrac{k_2^2}{k_1^2}\cos^2\alpha\sin^2\beta - 1\right)^3 \end{array} \right\}$$

(5.56)

将上式带入式(5.55),运用 Maple 数学软件进行积分,得到椭球的表面积公式为

$$S = \dfrac{\pi a^2}{420}\left( \begin{array}{l} -\dfrac{64k_2^4}{k_1} + \dfrac{15k_2^6}{k_1^5} + 15k_1 k_2^6 + 464k_1 k_2^2 + \dfrac{9k_2^6}{k_1} \\ -\dfrac{96k_2^4}{k_1^3} + \dfrac{464k_2^2}{k_1} + \dfrac{9k_2^6}{k_1^3} + 960k_1 - 96k_1^2 k_2^4 \end{array} \right)$$

(5.57)

### 5.3.3 参数分析

设孔隙水液面形状呈现椭圆,其长半轴表示为 $r_1$,短半轴表示为 $r_2$,令 $c = \dfrac{a_1}{r_1} = \dfrac{a_2}{r_2}$,根据文献[182,183],可得液面的毛细张力 $q$ 为

$$q = \gamma\left(\dfrac{1}{r_1} + \dfrac{1}{r_2}\right) = 2c\gamma\left(\dfrac{1}{a} + \dfrac{1}{k_1 a}\right) = \dfrac{2(k_1+1)c\gamma}{k_1 a}$$

(5.58)

则式(5.49)转化为

$$G = -\dfrac{4\pi(k_1+1)k_2\gamma c a^2}{3}\left[\boldsymbol{I}:\boldsymbol{\varepsilon}^* - \dfrac{2(k_1+1)c}{k_1 a}\boldsymbol{I}:\boldsymbol{C}^{-1}:\boldsymbol{I}\right]$$

$$+ \dfrac{\gamma\pi a^2}{420}\left( \begin{array}{l} -\dfrac{64k_2^4}{k_1} + \dfrac{15k_2^6}{k_1^5} + 15k_1 k_2^6 + 464k_1 k_2^2 + \dfrac{9k_2^6}{k_1} \\ -\dfrac{96k_2^4}{k_1^3} + \dfrac{464k_2^2}{k_1} + \dfrac{9k_2^6}{k_1^3} + 960k_1 - 96k_1^2 k_2^4 \end{array} \right) + \dfrac{8\pi(k_1+1)k_2 c\gamma a^2}{3}$$

(5.59)

取 $\gamma = 72.28\,\text{mN/m}$，令 $a$ 的单位为 nm（$10^{-9}$m）得，并取 $c=100$（即孔隙水趋于饱和状态），作出 Gibbs 自由能曲线随 $k_1$、$k_2$ 的变化关系如图 5.15（a）~（h）所示。

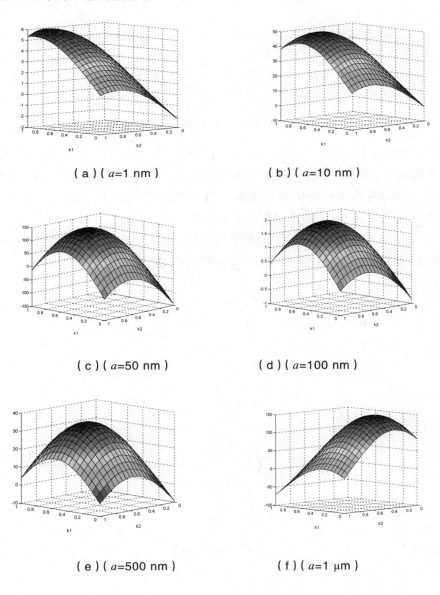

（a）（$a$=1 nm）　　　　（b）（$a$=10 nm）

（c）（$a$=50 nm）　　　　（d）（$a$=100 nm）

（e）（$a$=500 nm）　　　　（f）（$a$=1 μm）

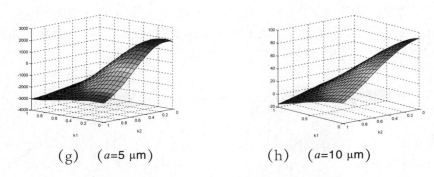

(g)　($a=5\ \mu m$)　　　　(h)　($a=10\ \mu m$)

图 5.15　不同 $a$ 情况下 $G(m)$ 随 $k_1$、$k_2$ 变化曲线

如图 5.15（a）~（h）所示，随着 $a$ 的增大，$G(m)$ 在 $k_1$、$k_2$ 的二维变化情况下，$G(m)$ 分别取得极值由 $k_1$、$k_2$ 从 1 趋于 0 时，即当孔洞尺寸越大，则 $G(m)$ 取得极值的形状越扁。当 $a$ 增大至 5 μm 时，$G(m)$ 在 $k_1$、$k_2$ 平面内没有极值点，即不会发生失稳坍塌现象。

当 $a=1$ nm、10 μm 时，分别令 $k_1=0$、0.5、1，$k_2=0$、0.5、1，作出 $G(m)$ 随 $k_1$ 和 $k_2$ 的变化曲线，如图 5.16 ~ 图 5.17 所示。

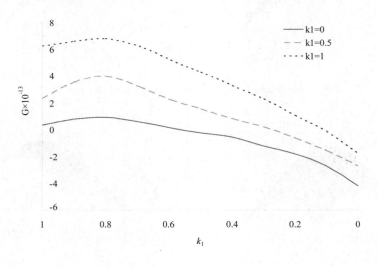

(a)（$a=1$ nm）

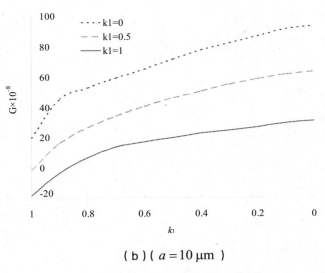

(b)($a=10\,\mu m$)

图 5.16　$G(m)$ 随 $k_1$ 的变化曲线

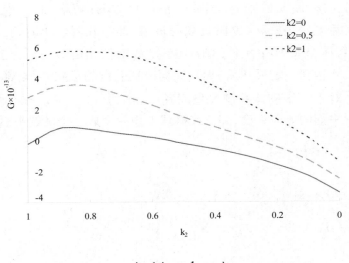

(a)($a=1\,nm$)

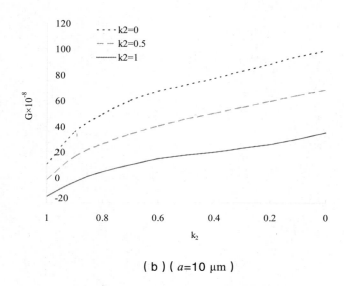

（b）（$a=10\ \mu m$）

**图 5.17** $G(m)$ 随 $k_2$ 的变化曲线

如图 5.16、图 5.17 所示，当 $a=1$ nm 时，$G(m)$ 随 $k_1$、$k_2$ 的变化趋势为先增大后减小，在 $m=0.9$ 附近取得极值，即当孔洞较小时，孔洞容易发生失稳，而当 $a=10\ \mu m$ 时，$G(m)$ 随 $k_1$、$k_2$ 的变化趋势一直为上升，即当孔洞尺寸达到一定尺寸后，无论如何改变孔洞的形状参数，都不会发生失稳。对于三维椭球孔洞失稳问题，当 $0 \leqslant k_1 \leqslant 1, 0 \leqslant k_2 \leqslant 1$ 时，$G(m)$ 会在 $xOy$ 平面的方向失稳，即三维椭球失稳后变成一个椭圆平面。

# 第 6 章

# 结论与展望

## 6.1 结 论

（1）在 F.Tomosawa 的研究基础上,考虑了水灰比对水化进程的影响,提出了基于中心粒子的三维微观水化模型,并由上述模型导出了水化程度 $\alpha$ 与水化半径 $R$ 之间的关系表达式。通过该关系,给定某种水泥,若已知水泥的密度、各成分含量,可以计算不同水灰比时水化程度 $\alpha$ 与水化半径 $R$ 的关系。当水灰比低于最小理论水灰比时,因水量不足导致水化不能充分进行,水化程度不能达到 1。当水灰比大于理论水灰比时,随着水灰比的增大,水泥完全水化时的半径逐渐减小,且孔隙率随着水灰比的增大而增大。

（2）结合水泥水化的三维微观模型,提出了基于微观模型的动力学方程。该动力学方程能够直接根据水泥基材料的化学组成及水灰比分析水泥基材料的水化速率随水化进程的变化,并导出了水化程度随时间的关系曲线。在水化初期,化学反应速率对水化反应起主导作用;随着水化程度提高,水化反应转由扩散速率控制。

(3)根据水泥水化过程中的组分变化,采用复合材料细观力学理论分别建立了水泥浆体、水泥砂浆和混凝土的细观力学模型,并分析了不同水灰比、骨料体积分数情况下水泥基材料的早龄期的弹性力学性能的演化关系,可用于预测水泥基材料的弹性模量随龄期的演化关系。

(4)考虑了多种水泥基材料在水化过程中的因素,建立了水化动力学模型。该模型表明,水灰比对水化初期的影响较小,而对水化中期和后期的影响较大。温度的升高能够显著的加速水泥基材料初期和中期的水化进程,却不能改变水泥基材料的最终水化程度,因而对于后期的影响较小。

(5)根据水泥水化动力学模型来预测水泥基材料的化学收缩随水化程度的变化规律。在水化初期,由于水灰比的增大会加速各相矿物成分的水化进程,因而也增大了早期的化学收缩,到了水化中期,由于水灰比的增大不能显著增大各相矿物成分的水化速率,因而化学收缩受水灰比的影响较小。温度的升高会加速水泥基材料各相矿物成分的水化进程,因而也会增大其早龄期的化学收缩。

(6)运用毛细管张力、表面自由能及弹性力学理论,分别从二维饱和孔隙水状态、不饱和孔隙水状态及三维饱和孔隙水状态建立了C-S-H凝胶体的干燥收缩模型,从微观力学角度来探析水泥基材料的收缩机理。

## 6.2 展 望

(1)在建立水化程度 $\alpha$ 与水化半径 $R$ 之间的关系时,仅考虑了水泥的各相矿物组成,未能考虑不同品种的水泥及各种养护条件,以及水泥水化过程中的体积变形。

(2)在建立水化程度 $\alpha$ 与时间 $t$ 之间的关系时,未能考虑水泥颗粒的形状、尺寸水化热、大气压强等因素对水化速率的影响。后续研究中可考虑水化热等因素对水化速率的影响。

（3）在预测水泥浆体的弹性性能时,将粗、细骨料考虑成大小相等的球体夹杂,与实际颗粒形状及粒径分布相差较大,且未考虑养护温度、外加剂、掺合料等外界因素的影响。

（4）在分析 C-S-H 凝胶体的干燥收缩模型中,仅考虑了最简单的单个椭球孔洞的失稳坍塌力学模型,在今后的研究当中,需要讨论多个孔洞的稳定性、别的形状的孔洞,以及失稳坍塌的动力学过程。

# 参 考 文 献

[1] 段瑜芳. 土聚水泥基材料的研究 [D].[ 硕士学位论文 ]. 河北：河北理工大学,2004.

[2] 田凯. 电阻率法研究水泥的水化特性 [D].[ 硕士学位论文 ]. 湖北：华中科技大学,2008.

[3] 南京化工学院等. 水泥工艺原理 [M]. 北京：中国建筑工业出版社,1980.

[4] 沈威,黄文熙,盘荣. 水泥工艺学 [M]. 北京：中国建筑工业出版社,1986.

[5] 沈威等译. 水泥水化与硬化. 第六届国际水泥化学论文集 [C]. 北京：中国建筑工业出版社.1981.

[6]Kantro D.L, Brunauer S, Weise C.H. Development of surface in the hydration of calcium silieates11.Extension of investigations to earlier and later stages of hydration[J]. Phys.Chem.,1962,10（2）：1804-1809.

[7]De Jong J.G.M., Stein H.N. Mutual interaction of CA and CS during hydration[J]. Ibid.,1962：311-327.

[8]T.C. Powers, T.L. Brownyard, Studies of the physical properties of hardened Portland cement paste（nine parts）[J]. J. Am. Concr. Inst. 43（Oct. 1946- April 1947）, Bulletin 22, Research Laboratories of the Portland Cement Association, Chicago, 1948.

[9]I.P.Vyrodov .On some main aspects of hydration theory and hydration hardening of binders[J]. Proe. Sixth Int, Congr. Chem. Cement. Moscow.,1974,（2）.

[10]D.D.Double, A.Hellawell. The hydration of Portland

cement[J]. Proe. Roy.Sov.Landon.Ser A.,1975: 360-445.

[11]P.Barnes. Structure and Performance of cement[J]. APPLIED SIENCE PUBLISHERS LTD.,1983: 238-251.

[13]T. C. Powers. Physical properties of cement paste. Proceedings of the forth international symposium [C].Washington, 1960.

[14]S. Igarashi, M. Kawamura, A. Watanabe. Analysis of cement pastes and mortars by a combination of backscatter-based SEM image analysis and calculations based on the Powers model [J].Cement and concrete composites,2004, 26（8）: 977-985.

[15] Raymond A. Cook, Kenneth C. Hover. Mercury proximity of hardened cement pastes [J]. Cement and concrete research.,1999,29（6）: 933-943.

[16]A.Boumiz, D.Sorrentino, C.Vernet, et al. Modelling the Development of the Elastic Moduli as a Function of the Degree of Hydration of Cement Pastes and Mortars[C], in Proceedings 13 of the 2nd RILEM Workshop on Hydration and Setting: Why does cement set? An interdisciplinary approach, edited by A.Nonat. RILEM Dijon, France, 1997.

[17]Karine V, Sandrine M, Denis D, et al. Determination by nanoindentation of elastic modulus and hardness of pure constituents of Portland cement clinker[J]. Cement and concrete research, 2001, 31（4）: 555-561.

[18]周春英. 采用同步加速微观断面X射线照相法（μCT）分析水泥浆体微观结构的3D试验研究[J]. 国外建材科技,2007, 28（2）: 1-4.

[19]C.M.Sayers, A.Dahlin. Propagation of Ultrasound Through Hydrating Cement Pastes at Early Times[J]. Advanced Cement Based Materials, 1993,1（1）: 12-21.

[20]R.D'Angelo, T.Plona, L.Shwartz and P.Coveny. Ultrasonic Measurements on Hydrating Cement Slurries: Onset of Shear Wave Propagation[J]. Advanced Cement Based Materials, 1995,2（1）: 8-14.

[21]A.Boumiz, D.Sorrentino, C, Vernet and T.F.Cohen. Modelling

the Development of the Elastic Moduli as a Function of the Degree of Hydration of Cement Pastes and Mortars[C], in Proceedings 13 of the 2nd RILEM Workshop on Hydration and Setting: Why does cement set? An interdisciplinary approach, edited by A.Nonat.RILEM Dijon, France, 1997.

[22] T.C.Powers. Structures and Physical Properties of Hardened Portland Cement Paste[J].J. Am. Ceram.Soc., 1958,41（1）: 1-6.

[23]S.J.Lokhorst, K.V.Breugel .Simulation of the Effect of Geometrical Changes of the Microstructure on the Deformational Behavior of Hardening Concrete[J]. Cem.Concr. Res., 1997,27（10）: 1465-1479.

[24]T.Mori, K.Tanaka. Average Stress in Matrix and Average Elastic Energy of Materials with Misftting Inclusions. Acta Metal, 1973, 21（5）: 571-574.

[25] J.G.Berryman.Long-wave Length Propagation in Composite Elastic Media I and II[J].J. Acoust. Soc.Amer, 1980,68: 1809-1831.

[26]A.N.Norris. A Differential Scheme for the Effective Module of Composites[J] .Mechanics of Materials,1985,4（1）: 1-16.

[27]Aitcin Pierre-Claude, Neville Adam M., Acker Paul .Integrated view of shrinkage deformation[J].Concrete International,1997,19(9): 35-41.

[28]K.Van Breugel. Numerical modeling of volume change at early ages-potential, pitfalls and challenges[J]. Materials and Structures, 2001,120（6）: 293-301.

[29]严吴南,蒲心诚,王冲,等.超高强混凝土的化学收缩及干缩研究[J].施工技术,1999,28（5）: 31-35.

[30]E. Tazawa, Shingo Miyazawa and Tetsurou Kasai. Chemical Shrinkage and Autogenous Shrinkage of Hydrating Cement Paste[J]. Cement and Concrete Research,1995,25: 288-292.

[31]Pierre Mounanga, Abdelhafid Khelidj .Predicting Ca（OH）2 content and chemical shrinkage of hydrating cement Pastes using analytical approach[J]. Cement and Concrete Research, 2004,34: 255-265.

[32]Dale P Bentz. A Three-Dimensional Cement Hydration and Microstructure Program, I. Hydration Rate, Heat of Hydration, and Chemical Shrinkage[J]. November,1995, Building and Fire Research Laboratory National Institute of Standards and Technology Gaithersburg, Maryland 20899.

[33]C. Hua, A. Ehrlacher. Analyses and Models of the Autogenous Shrinkage of Hardening Cement Paste Ⅱ .Modelling at Scale of Hydrating Grains .Cement and Concrete Research,1997,27: 245-258.

[34]E. Tazawa, S. Miyazawa. Influence of constituents and composition on autogenous shrinkage of cementitous materials [J]. Magazine of Concrete Research.,1997,49（178）: 15.

[35] B.Persson. Consequence of cement constituents, mix composition and curing conditions for self-desiccation in concrete [J]. Materials and Structures.,2000,33: 352-362.

[36]J. M. Kinuthia, S.Wild, B.B.Sabir, et al. Self-compensating autogenous shrinkage in Portland cement-metakaolin-fly ash pastes[J]. Advances in Cement Research.,2000,12（1）: 35-43.

[37] B. Persson.Self-desiccation and its importance in concrete technology [J].Material and Structures,1997,30: 293-305.

[38]V. Morin, F.Cohen Tenoudji, A.Feylessoufi. Superplasticizer effects on setting and structuration mechanisms of ultrahigh-performance concrete [J].Cement and Concrete Research,2001,31: 63-71.

[39]Erika E.Holt, Early Age Autogenous Shrinkage of Concrete. [D].Doctor of Philosophy University of Washington.,2001.

[40] 黄颖星 . 水泥砂浆与混凝土干缩相关性研究 [D].[ 硕士学位论文 ]. 江苏：南京工业大学,2006.

[41] 郑巧,何真 . 水化硅酸钙纳米颗粒间相互作用力的模拟 [J]. 武汉大学学报(工学版), 2013,46（5）: 583-587.

[42]Olivier Bernard, Franz-Josef Ulm, Eric Lemarchand. A multiscale micromechanics- hydration model for the early-age elastic properties of cement-based materials[J]. Cement and Concrete

Research, 2003, 33: 67-80.

[43]Koenders E.A.B, Van. Breugel K. Numerical modeling of autogenous shrinkage of Hardening Cement Paste [J]. Cement and Concrete Research., 1997, 27（10）: 1489-1499.

[44]Gao Peiwei, Lu Xiaolin, Yang Chuanxi, Li Xiaoyan, Shi Nannan, Jin Shaochun. Microstructure and pore structure of concrete mixed with superfine phosphorous slag and superplasticizer [J]. Construction and Building Materials, 2008, 22（5）: 837-840.

[45]Hamlin M. Jennings, Jeffrey J.Thomas. A multi-technique investigation of the nanoporosity of cement paste [J]. Cement and Concrete Research, 2007, 37（3）: 329-336.

[46]Hamlin M. Jennings Refinements to colloid model of C-S-H in cement: CM-II [J].Cement and Concrete Research, 2008（38）: 275-289.

[47]吴浪,宋固全,王信刚. 硬化水泥浆体中 C-S-H 凝胶体内纳米孔的稳定性分析 [J]. 硅酸盐通报, 2013, 32（2）: 210-215.

[48]R.Kondo, S.Ueda. Kinetics of Hydration of Cements[M]. 5th Int Congr Chem Cem, Tokyo, Sess.II- 4, 1968: 203-248.

[49]G.J.C.Frohnsdorff, W.G.Freyer and P.D.Johnson. Kinetic Modeling of Hydration Processes[M]. 5th Int Congr Chem Cem, Tokyo, 1968.

[50]J.M.Pommersheim, J.R.Clifton. Mathematical Modeling of Tricalcium Silicate Hydration. Cem. Concr. Res., 1979, 9（6）: 765-770.

[51]H.F.W.Taylor, D.E.Newbury. An Electron Microprobe Study of a Mature Cement Paste. Cem.Concr.Res., 1984, 14（4）: 565-573.

[52]H.M.Jennings, S.K.Johnson. Simulation of Microstructure Development during the Hydration of a Cement Compound. J.Am. Ceram.Soc., 1986, 69（11）: 790-795.

[53]G.Ye, P.Lura and K.V.Breugel. Three-dimensional Microstructure Analysis of Numerically Simulated at Cementitious Materials. Cem.Concr.Res., 2003, 33（2）: 215-222.

[54]D.P.Bentz, E.J.Garboczi and N.S.Martys. Application of

Digital-image-based Models to Microstructure. Transport Properties and Degradation of Cement-based Materials[M]. The Modelling of Microstructure and its Potential for Studying Transport Properties and Durability The Netherlands: Kluwer Academic Publishers, 1996: 167-185.

[55]F. Tomosawa, Development of a kinetic model for hydration of cement, in: F.S. Glasser, H. Justnes(Eds.), Proc. 10th Int. Cong Chemistry of Cement, Gothenburg, 1997（2）.

[56] 张哲. 水泥砂浆与混凝土干缩相关性研究[D].[硕士学位论文].陕西：长安大学,2008.

[57] 尹全勇. 混凝土外加剂对水泥石干燥收缩的影响及机理研究[D].[硕士学位论文].重庆：重庆大学,2008.

[58] 赵学庄. 化学反应动力学原理[M]. 北京：高等教育出版社, 1984.

[59]SWADDIWUDHIPONG S, CHEN D, ZHANG M H.Simulation of the exothermic hydration process of portland cement[J]. Adv Cem Res, 2002, 4（2）: 61-69.

[60]de SCHUTTER G. Hydration and temperature development of concrete made with blast-furnace slag cement[J]. Cement and Concrete Research,1999, 29（1）: 143-149

[61]de SCHUTTER G. Fundamental study of early age concrete behavior as a basis for durable concrete structures[J]. Mater Struct, 2002,35（1）: 15-21.

[62]FERNANDEZ-JIMENEZ A, PUERTAS F. Alkali-activated slag cements: kinetic studies[J]. Cement and Concrete Research, 1997,27（3）: 359-368.

[63]FERNANDEZ-JIMENEZ A, PUERTAS F, ARTEAGA A. Determination of kinetic equations of alkaline activation of blast furnace slag by means of calorimetric data[J]. J Therm Anal Calori, 1998,52（2）: 945-955.

[64]KRSTULOVIC R, DABIC P. A conceptual model of the cement hydration process[J]. Cement and Concrete Research, 2000,30（5）: 693-698.

[65] 郑建军,庞宪委.基于计算机模拟的水化程度预测方法[J].建筑材料学报,2008,11(4):403-408.

[66] 张景富.G级油井水泥的水化硬化及性能[D].[博士学位论文].浙江:浙江大学,2001.

[67]Feng Lin, Christian Meyer. Hydration kinetics modeling of Portland cement considering the effects of curing temperature and applied pressure[J].Cement and Concrete Research,2009,39:255-265.

[68] 阎培渝,郑 峰.水泥基材料的水化动力学模型[J].硅酸盐学报,2006,34(5):555-559.

[69]J.I. Escalante-Garcia, Nonevaporable water from neat OPC and replacement materials in composite cements hydrated at different temperatures[J].Cement and Concrete Research,2003,33(11):1883-1888.

[70] 王维红.稻壳灰混凝土性能及机理研究[D].[博士学位论文].银川:宁夏大学,2017.

[71] 佘跃心,李锦柱,曹茂柏等.稻壳灰及掺稻壳灰混凝土应用研究进展述评[J].混凝土,2016,37(6):57-62.

[72]S.K. Antiohos, V.G. Papadakis, S. Tsimas.Rice husk ash (RHA)effectiveness in cement and concrete as a function of reactive silica and fineness[J]. Cement and concrete research, 2014, 61:20-27.

[73]A.Gholizadeh Vayghan, A.R. Khaloo, F.Rajabipour.The effects of a hydrochloric acid pretreatment on the physicochemical properties and pozzolanic performance of rice husk ash[J]. Cement and concret composites,2013,39(5):131-140.

[74]Q.G. Feng, H. YamamiCHi, M. Shoya, S. Sugita.Study on the pozzolanic properties of rice husk ash by hydroChloric acid pretreatment[J]. Cement and concrete research, 2004,34:521-526.

[75]V.T. Nguyen, Rice Husk Ash as a Mineral Admixture for Ultra High Performance Concrete(Dissertation), Delft University of Technology, 2011.

[76]M. Narmluk, T. Nawa.Effect of curing temperature on pozzolanic reaction of fly ash in blended cement paste[J].Int. J. Chem.

Eng. Appl.,2014,5: 31-35.

[77]F. Tomosawa, T. NoguCHi, C. Hyeon.Simulation model for temperature rise and evolution of thermal stress in concrete based on kinetic hydration model of cement[J]. Proceedings of Tenth International Congress Chemistry of Cement,1997,4: 72-75.

[78]D.P. Bentz, V. Waller, F.D. Larrard. Prediction of adiabatic temperature rise in conventional and high-performance concretes using a 3-D microstructural model[J]. Cement and concrete research, 1998, 28: 285-297.

[79]O.M. Jensen, P.F. Hansen. Water-entrained cement-based materials: I. Principles and theoretical background[J]. Cement and concrete research, 2001,31: 647-654.

[80]K.Maekawa, T.Ishida, T.Kishi. Multi-scale Modeling of Structural Concrete[M].London: Taylor & Francis, 2009.

[81]P. Kumar Metha, Paulo J.M.Monteiro.Concrete, Microstructure, Properties and Materials[M].New York: McGraw-Hill, 2006.

[82]S.K. Antiohos, V.G. Papadakis, S. Tsimas. Rice husk ash (RHA) effectiveness in cement and concrete as a function of reactive silica and fineness[J]. Cement and concrete research, 2014,61: 20-27.

[83] Avet F, Li X, Scrivener K. Determination of the amount of reacted metakaolin in calcined clay blends[J]. Cement and Concrete Research, 2018, 106: 40.

[84]Chaube R, Kishi T, Maekawa K. Modelling of concrete performance: Hydration, microstructure and mass transport[M]. CRC Press, 1999.

[85] Bentz D P. Influence of water-to-cement ratio on hydration kinetics: simple models based on spatial considerations[J]. Cement and concrete research, 2006, 36 (2): 238.

[86]Dhandapani Y, Sakthivel T, Santhanam M, et al. Mechanical properties and durability performance of concretes with Limestone Calcined Clay Cement (LC3)[J]. Cement and Concrete Research,

2018, 107: 136-151.

[87]Powers T C, Brown yard T L. Studies of the Physical Properties Hardened Portland Cement Paste[J]. Chicago : Portland Cement Association, 1948, 109-992.

[88]S.J.Lokhorst, K.V.Breugel .Simulation of the Effect of Geometrical Changes of the Microstructure on the Deformational Behavior of Hardening Concrete[J]. Cem.Concr. Res, 1997, 27（10）: 1465-1479.

[89]C.J. Haecker, E.J.Garboczi. Modeling the linear elastic properties of Portland cement paste[J].Cement and Concrete Research, 2005, 35（10）: 1948-1960.

[90]Olivier Bernard, Franz-Josef Ulm, Eric Lemarchand. A multiscale micromechanics hydration model for the early-age elastic properties of cement-based materials[J]. Cement and Concrete Research, 2003, 33（9）: 1293-1309.

[91] K.K.Sideris, P.Manitia, K.Sideris .Estimation of ultimate modulus of elasticity and poison ratio of normal Concrete[J]. Cement and Concrete Research, 2004, 26（6）: 623-631.

[92] 李春江, 杨庆生. 水泥水化过程的细观力学模型与性能演化[J]. 复合材料学报[J]. 2006, 23（1）: 117-123.

[93] 杜善义, 王彪. 复合材料细观力学[M]. 北京: 科学出版社, 1998.

[94]Hill R .The elastic behavior of a crystalline aggregate[J]. Proceedings of the Royal Society A, 1952, 65: 349-354.

[95]Hashin z, Shtrikman S. A variational approach to the theory of the elastic behavior of Multi-phase materials[J]. Journal of the Mechanics and Physics of Solids, 1962, 10: 335-342.

[96]T Mura. Micromechanics of Defects in Solid[M].Martinus Nijohoff, Publishers, 1987.

[97] 张志民. 复合材料结构力学[M]. 北京: 北京航空航天大学出版社, 1993.

[98] Eshelby J D. Elastic field outside an ellipsoidal inclusion[J].

Pro Roy Soc, A252, 1959: 561-569.

[99]Bruggeman. D A G Annalen der Physik[J],1935, 24: 636-679.

[100]Hershey A V .The elasticity of an isotropic aggregate of an isotropic Cubic Crystal[J].J App Mech,1954,21: 236-240.

[101]Budiansky B .On the elastic moduli of some heterogeneous materials[J]. Journal of the Mechanics and Physics of Solids, 1965, 13(4): 223-227.

[102]Hill R. A self-consistent mechanics of composite materials[J]. Journal of the Mechanics and Physics of Solids, 1965, 13(4): 213-222.

[103]Huang Y, Hu K X.Ageneralized self-consistent mechanics method for solids containing Elliptical inclusions [J].ASME J, Appl, Mech, 1995, 62: 556-572.

[104]Christensen R M. A critical evaluation for a class of micromechanics model [J].J Mech phy Solids,1990, 38(3): 379-404.

[105]Kerner E H. Proc Phyc Soc, 1956, B69: 801-808.

[106]Mori T, Tanaka K.Average stress in matrix and average elastic energy of materials with misfitting inclusions[J].Acta Metallurgica,1973,21: 571-574.

[107]Benveniste Y. A new approach to the application of Mori-Tanaka theory in Composite materials[J] .Mechanics of Materials, 1987, 6: 147-157.

[108]Taya M, Chou TW. On two kinds of ellipsoidal inhomogeneities in an infinite elastic body: an application to a hybrid composite[J]. International Journal of solids and structures,1981,17: 553-563.

[109]Weng GJ. Some elastic properties of reinforced solids, with special reference to isotropic ones containing spherical inclusions[J]. Internal Journal of Engineering Science,1984, 22: 845-856.

[110]K.van Breugel, Simulation of hydration and formation of structure in hardening cement-based materials, PhD thesis[D]. TU Delft, The Netherlands, 1991.

[111] 吴浪,宋固全,雷斌. 基于多相水化模型的水泥水化动力学研究[J]. 混凝土,2010,248(6): 46-48.

[112]Nemat-Nasser S, Hori M Micromechanics: Overall Properties of Heterogeneous Materials [M]. North-Holland, Amsterdam,1993.

[113]W. Chen, H.J.H. Brouwers, Mitigating the effects of system resolution on computer simulation of Portland cement hydration. Cement & Concrete Composites,2008,30(2): 779-787.

[114]K.Velez, S.Maximilien, D. Damidot, G. Fantozzi, F. Sorrentino, Determination by nanoindentation of elastic modulus and hardness of pure constituents of Portland cement clinker[J]. Cement and Concrete Research,2001, 31(4): 555-561.

[115]Vít Smilauer, Zdenek Bittnar. Microstructure-based micromechanical prediction of elastic properties in hydrating cement paste[J]. Cement and Concrete Research,2006,36(5): 1708-1718.

[116]F.H. Wittmann. Estimation of the modulus of elasticity of calcium hydroxide[J].Cement and Concrete Research,1986,16(6): 971-972.

[117]Zvi Hashin. The differential scheme and its application to cracked materials[J]. Journal of the Mechanics and Physics of Solids, 1988, 36(6): 719-734.

[118]Christian Pichler, Roman Lackner, Herbert A. Mang, A multiscale micromechanics model for the Autogenous-shrinkage deformation of early-age cement-based materials[J]. Engineering Fracture Mechanics, 2007, 74(2)34-58.

[119]Christensen R M .Mechanics of Composite Materials [M]. New York: John Wiley&Sons, 1979: 311-319.

[120]Nilsen A U, Monteiro P J M. Concrete: A three phasematerial [J]. Cement and Concrete Research, 1993, 23(1): 147-151.

[121]Ollivier J P, Maso J C, Bourdette B. Interfacial transition zone in concrete [J]. Advanced Cement Based Materials, 1995, 2(1):

30-38.

[122]Garboczi E J, Bentz D P. Digital simulation of the aggregate-cement paste interfacial zone in concrete [J].Journal of materials Research, 1991, 6（2）: 196-201.

[123]Zheng Jianjun, Li Chunqing, Zhou Xinzhu .Characterization of microstructure of interfacial transition zone in concrete [J].ACI Materials Journal, 2005, 102（4）: 265-271.

[124]Simeonov P, Ahmad S. Effect of transition zone on the elastic behaviour of cement-based composites [J]. Cement and Concrete Research, 1995, 25（1）: 165-176.

[125]Hashin Z, Shtrikman S. A variational approach to the theory of effective magnetic permeability of multiphase materials [J]. Journal of Applied Physics, 1962, 33（10）: 3125-3131.

[126]Neubauer C M, Jennings H M. A three-phase model of the elastic and shrinkage properties of mortar [J]. Advanced Cement Based Materials, 1996, 4（1）: 6-20.

[127]Li Guoqiang, Zhao Yi, Pang S S. Four-phase sphere modeling of effective bulk modulus of concrete [J]. Cement and Concrete Research, 1999, 29（6）: 839-845.

[128]Christensen R M, Lo K H. Solution for effective shear properties in a three phase sphere and cylinder models [J]. Journal of the Mechanics and Physics of Solids, 1979, 27（4）: 315-330.

[129]K.M. Lee, J.H. Park.A numerical model for elastic modulus of concrete considering interfacial transition zone[J]. Cement and Concrete Research,2008,38: 396-402.

[130]Hailong Wang, Qingbin Li. Prediction of elastic modulus and Poisson's ratio for unsaturated concrete[J]. International Journal of Solids and Structures,2007,44 : 1370-1379.

[131]John.A.Rice. 数理统计与数据分析 [M]. 北京：机械工业出版社, 2003.

[132]Sobol I M. Sensitivity estimates for nonlinear mathematical models[J]. Mathematical Modelling and Computational Experiment,

1993, 4（1）: 407-414.

[133]Saltelli A, Annonis P. How to avoid a perfunctory sensitivity analysis[J]. Environmental Modelling and Software, 2010, 25: 1508-1517.

[134]Constantinides G, Ulm F J. The effect of two types of C-S-H on the elasticity of cement-based materials: results from nanoindentation and micromechanical modeling[J].Cement and Concrete Research,2004,34（1）: 67-80.

[135]Venkovic N, Sorelli L, Sudret B, Yalamas T, Gagne R. Uncertainty propa-gation of a multiscale poromechanics-hydration model for poroelastic proper-ties of cement paste at early-age[J]. Probabilistic Engineering Mechanics, 2013, 32: 5-20.

[136]Acker P. Swelling shrinkage and creep: a mechanical approach to cement hydration[J]. Materials and Structures, 2004, 37（4）: 237-243.

[137]Velez K, Maximilien S, Damidot D, Fantozzi G, Sorrentino F. Determination by nanoindentation of elastic modulus and hardness of pure constituents of portland cement clinker[J]. Cement and Concrete Research, 2001, 31（4）: 555-561.

[138]Königsberger M, Hellmich C, Pichler B. Densification of c-s-h is mainly driven by available precipitation space, as quantified through an analytical cement hydration model based on 5nmr6 data[J]. Cement and Concrete Research, 2016, 88: 170-183.

[139]阎培渝,郑峰.水泥水化反应与混凝土自收缩预测模型[J].铁道科学与工程学报,2006, 2（1）: 56-59.

[140]O.M. Jensen, P.F. Hansen, Autogenous deformation and RH-change in perspective[J]. Cement and Concrete Research,2001,31（12）: 1859-1865.

[141]T.C. Powers, T.L. Brownyard. Studies of the physical properties of hardened Portland cement paste（nine parts）, J. Am. Concr. Inst. 43（Oct. 1946- April 1947）, Bulletin 22, Research Laboratories of the Portland Cement Association, Chicago, 1948.

[142]Tennis PD, Jennings M. A model for two types of calcium silicate hydrate in the microstructure of portland cement pastes[J]. Cement and Concrete Research 2000,30: 855-863.

[143]D.P. Bentz. Three-dimensional computer simulation of Portland cement hydration and microstructure development[J]. Journal of American Ceramic Society,1997,80（1）: 3-21.

[144]K.van Breugel, Modelling of cement-based systems—the alchemy of cement chemistry[J].Cement and Concrete Research,2004, 34: 1661-1668.

[145]Ki-Bong Park, Modeling of hydration reactions using neural networks to predict the average properties of cement paste[J]. Cement and Concrete Research,2005,35: 1676-1684.

[146]P. Navi, C.Pignat. Simulation of cement hydration and the connectivity of the capillary pore space[J].Adv.Cem. Based Mater., 1996,4: 58-67.

[147]D.P. Bentz.Modeling the influence of limestone filler on cement hydration using CEMHYD3D[J]. Cement & Concrete Composites,2006,28: 124-129.

[148]G. Ye, P. Lura, K. van Breugel, A.L.A. Fraaij. Study on the development of the microstructure in cement-based materials by means of numerical simulation and ultrasonic pulse velocity measurement[J]. Cement & Concrete Composites,2004,26: 491-497.

[149]F.-J.Ulm, O.Coussy, Modeling of thermo chemo mechanical couplings of concrete at early ages, Journal of Engineering Mechanics, ASCE, 1995,121（7）: 785-794.

[150]O.M. Jensen. Thermodynamic limitation of self-desiccation[J]. Cement and Concrete Research,1995,25（1）: 157-164.

[151]T.C. Powers. Properties of cement paste and concrete, paper V-I: physical properties of cement paste, in: Proc. 4th Int. Sym[J]. on the Chemistry of Cement, Washington DC, 1960,2: 577-613.

[152]V. Waller. Relations entre composition des bétons, exothermie en cours de prise et résistance en compression[J]. Thèse

de doctorat, Ecole Nationale des Ponts et Chaussées, Paris, France, 1999.

[153]D.P. Bentz, C.J. Haecker. An argument for using coarse cements in high performance concretes[J]. Cement and Concrete Research,1999,29（2）: 615-618.

[154]A. Bezjak. An extension of the dispersion model for the hydration of Portland cement[J]. Cement and Concrete Research,1986, 16（2）: 260-264.

[155]X. Xiong, K. van Breugel, Isothermal calorimetry study of blended cements and its application in numerical simulations[J]. HERON,2001,46（3）: 151-159.

[156]K. van Breugel. Simulation of Hydration and Formation of Structure in Hardening Cement-Based Materials, PhD Thesis[J]. Delft University of Technology, The Netherlands,1991.

[157]P. Freiesleben Hansen, E.J. Pedersen. Maturity computer for controlling curing and hardening of concrete[J]. Nordisk Betong,1977, 19（1）: 21-25.

[158]A.K. Schindler.Effect of temperature on hydration of cementitious materials[J].ACI Materials Journal,2004,101（1）: 72-81.

[159]KRSTULOVIC R, DABIC P. A conceptual model of the cement hydration process [J]. Cement and Concrete Research,2000,30（5）: 693-698.

[160]B. Bresson, F. Meducin, H. Zanni. Hydration of tricalcium silicates at high temperature and high pressure[J]. Journal of Materials Science,2002,37（24）: 5355-5365.

[161]A.K. Schindler. Effect of temperature on hydration of cementitious materials[J]. ACI Materials Journal,2004,101（1）: 72-81.

[162]W. Chen, H.J.H. Brouwers, Mitigating the effects of system resolution on computer simulation of Portland cement hydration[J]. Cement & Concrete Composites,2008,30: 779-787.

[163]L. D'Aloia, G. Chanvillard, Determining the "apparent" activation energy of concrete Ea—numerical simulations of the heat of hydration of cement[J]. Cement and Concrete Research,2002,32: 1277-1289.

[164]J.I. Escalante-Garcia, J.H. Sharp, Effect of temperature on the hydration of the main linker phases in Portland cements: part I, neat cements[J].Cement and Concrete Research,1998,28（9）: 1245-1257.

[165]KRSTULOVIC R, DABIC P. A conceptual model of the cement hydration process[J].Cement and Concrete Research,2000,30（5）: 693-698.

[166]D.P. Bentz. Influence of water-to-cement ratio on hydration kinetics: Simple models based on spatial considerations[J]. Cement and Concrete Research,2006,36: 238-244.

[167]R.Berliner, M.Popovici, K.W.Herwig, M.Berline, H.M.Jennings, J.J. Thomas.Quasielastic neutrons scattering study of the effect of water-to-cement ratio on the hydration kinetics of tricalcium silicate[J].Cement and Concrete Research,1998,26（2）: 231- 243.

[168]W. Chen, H.J.H. Brouwers.Mitigating the effects of system resolution on computer simulation of Portland cement hydration[J]. Cement & Concrete Composites,2008,30: 779-787.

[169]Lavinia Stefan, Farid Benboudjema, Jean-Michel Torrenti. Beno Bissonnette.Prediction of elastic properties of cement pastes at early ages.Computational Materials Science,2010, 47: 775-784.

[170]Hamlin M.Jennings, Jeffrey J.Thomas. A multi-technique investigation of the nanoporosity of cement paste [J]. Cement and Concrete Research, 2007, 37（3）: 329-336.

[171]Gao Peiwei, Lu Xiaolin, Yang Chuanxi, Li Xiaoyan, Shi Nannan, Jin Shaochun. Microstructure and pore structure of concrete mixed with superfine phosphorous slag and superplasticizer [J]. Construction and Building Materials, 2008, 22（5）: 837-840.

[172]Pietro Lura, O.M. Jensen, K.van Breugel. Autogenous shrinkage in high-performance cement paste: An evaluation of basic mechanisms [J]. Cement and Concrete Research, 2003, 33(2): 223-232.

[173]S. Igarashi, M. Kawamura, A. Watanabe. Analysis of cement pastes and mortars by a combination of backscatter-based SEM image analysis and calculations based on the Powers model [J].Cement & Concrete Composites, 2004, 26(8): 977-985.

[174]张国防,王培铭.乙烯基可再分散聚合物对水泥水化产物的影响[J].建筑材料学报,2010,13(2):143-149.

[175]潘莉莎,邱学青,庞煜霞.减水剂对水泥水化产物微观形貌的影响[J].硅酸盐通报,2009,28(2):257-263.

[176]杨建明,钱春香,焦宝祥,罗利民,阎晓波.缓凝剂硼砂对磷酸镁水泥水化硬化特性的影响[J].材料科学与工程学报,2010,28(1):32-35.

[177]韩建国,阎培渝.锂化合物对硫铝酸盐水泥水化历程的影响[J].硅酸盐学报,2010,38(4):609-614.

[178]Hamlin M. Jennings, Jeffrey J. Thomas, Julia S. Gevrenov, Georgios Constantinides.A multi-technique investigation of the nanoporosity of cement paste [J]. Cement and Concrete Research, 2007, 37(3): 329-336.

[179]Muskhelishvili NI. Some basic problem mechanic theory of elasticity[M]. Leyden: Noordhoff, 1975.

[180] 宋固全.马氏相变材料的宏习惯本构模型研究[D].北京:清华大学:2000.

[181] 徐芝纶.弹性力学[M].3版.北京:高等教育出版社.

[182]Christian Pichler, Roman Lackner, Herbert A.Mang. A multiscale micromechanics model for the autogenous-shrinkage deformation of early-age cement-based materials [J]. Engineering Fracture Mechanics, 2007: 74(2)34-58.

[183]Hua C, Acker P, Ehrlacher A. Analyses and models of the autogenous shrinkage of hardening cement paste I. Modelling at

macroscopic scale [J]. Cement and Concrete Research, 1995, 25 (7): 1457-1468.

[184]Olivier Bernard, Franz-Josef Ulm, Eric Lemarchand. A multiscale micromechanics-hydration model for the early-age elastic properties of cement-based materials [J]. Cement and Concrete Research, 2003, 33 (9): 1293-1309.

[185]C.-J.Haeckerd, E.J.Garboczia, J.W.Bullarda, R.B. Bohnb, Z.Sunc, S.P.Shahc, T.Voigtc. Modeling the linear elastic properties of Portland cement paste [J]. Cement and Concrete Research, 2005, 35 (10): 1948-1960.

[186]Lavinia Stefan, Farid Benboudjema, Jean-Michel. Torrenti, Benoit Bissonnette. Prediction of elastic properties of cement pastes at early ages [J]. Computational Materials Science, 2010, 47 (3): 775-784

[187] 菲赫金哥尔茨 Г M. 微积分学教程 [M]. 北京: 高等教育出版社, 1957.

[188] 徐宏枢. 三轴椭球面的面积计算 [J]. 渝州大学学报(自然科学版), 1998, 15 (1): 57-60.

[189] 杨学祥. 地球表面积的计算 [J]. 长春地质学院学报, 1987, 17 (3): 346-352.

# 攻读学位期间的研究成果

已发表的学术论文：

[1] Wu Lang, Song Guquan, Lei Bin.Cement chemical shrinkage prediction model research based on mineral composition content of each phase at early age [J]. Advanced Material Research, 2011, 168-170: 31-34（EI 收录, 检索号: 20110313588045）

[2] 吴浪, 宋固全, 雷斌. 基于细观力学模型的水泥浆体弹性力学性质预测 [J]. 华中科技大学学报（自然科学版）, 2011, 39（3）: 39-42（EI 源刊）

[3] 吴浪, 宋固全, 雷斌. 硬化水泥浆体的有效弹性模量预测 [J]. 建筑材料学报, 2011, 5.（EI 源刊, 录用待刊）

[4] 吴浪, 宋固全, 雷斌. 基于多相水化模型的水泥水化动力学研究 [J]. 混凝土, 2010, 248（6）: 46-48.（中文核心期刊）

[5] 吴浪, 宋固全, 刘麟. 水泥水化过程的微观结构模型与数值计算 [J]. 四川建筑科学研究, 2010, 36（6）: 185-187（中文核心期刊）

[6] 吴浪, 宋固全, 王信刚. 基于各相矿物组成含量的水泥早龄期化学收缩预测研究 [J]. 混凝土, 2010, 252（10）: 84-87（中文核心期刊）

[7] Lei Bin, Wu Lang, Song Guquan .Cement hydration kinetics research based on the multi-phase hydration model. Advanced Material Research, 2011, 168-170: 26-30（EI 收录, 检索号: 20110313588044）

[8] 宋固全, 刘麟, 吴浪. 基于三维微观球模型的水泥水化模拟计算 [J]. 南昌大学学报（理科版）, 2010, 34（2）: 176-179.（中文核心期刊）

[9] 朱峥涛, 丁成辉, 吴浪, 蔡志武, 曾宇华. 江铃汽车驱动桥桥壳有限元分析 [J]. 汽车工程, 2007, 29（10）: 896-899.（中文核心期刊）